陳志強 ｜ 著
區智浩

序

當人類開始掌握飛行方法的時候，就差不多同時發展出航空攝影這個工作，把人類的視點由地面提升到高空，同時亦把壯麗大地景色分享給在地面上生活的人。19 世紀載人熱氣球升空，就有人成功拍攝到當年巴黎的城市影像。第一次世界大戰爆發的時候，敵對雙方都派出不同的飛行載具，包括賽鴿配上小型特製相機把敵方陣地拍攝下來。

第一次世界大戰結束後，人類的飛行技術水平已經有了相當的提升，而航空攝影測量技術亦有了更進一步的發展。1924 年，英國派出了水上飛機母艦「飛馬號」到香港，進行了第一次大規模的航空拍攝，拍攝了不少的垂直航拍照片，用以製作新界的地形地圖。

近幾年來，航拍機（無人機家族的一員，指專門針對拍攝工作的多軸微型無人機）由一個高檔的科技產品，慢慢變成一件走入群眾的攝影工具。昨天成本需要過百萬的航空拍攝工作，慢慢變成了一般人只需花費幾百塊也能做得到的事情。航拍機將會是二十一世紀其中一個重要的科技發明。

航拍機可以為市民帶來不少樂趣和便利，同時亦是改變生活模式的一個重要工具。航拍機是一個集不同科技大成的混合結晶，如果不明白內裏的結構和運作，在操作上會遇上不少的麻煩和風險，少則撞毀機身，重則損毀他人財物，甚至導致他人受傷致命。

本書希望能夠用簡單的方法說明一般消費級航拍機操作的方法和重點，讓更加多人能夠了解這個科技混合體背後的原理，明白如何能夠安全操縱它和享受它帶來的樂趣；並分享一些過往的飛行經驗，讓大家減少飛行意外發生的機會。

特此多謝香港航空青年團技術運作及支援科的黃永德專業少校、梁澤鑫專業上尉和葉贊邦專業少尉的教導和協助，也感謝馮寶賢機長和 Jackson Fung 的指教，還有 Dr. WK Lam、Billy Yuen、Eddy Choi、Tommy Tong、Diaz Man 和不少朋友提供寶貴圖片，此書才能得以成功完成。

"You may say I'm a dreamer, but I'm not the only one..."

check it!

1907 年申請了專利的飛鴿「無人機」，拍攝出來的照片也很有質素，是第一次世界大戰中其中一種偵查方法。

＊由於航拍機發展迅速，本書的建議操控未必能夠完全配合最新型號產品。讀者必需細閱自己的航拍機說明書內容，以免發生意外。

3

目錄

第六章
無人機法例

第七章
航拍機 / 無人機的應用

航拍機飛行檢查清單和要點

香港民航處的模型飛機放飛指引

第一章

如何選擇
航拍機

如何選擇航拍機

歷史和種類

今天航拍機的種類成百上千，甚至可以像家具一樣度身訂做。如果單計消費級的成品機，也有過百種的選擇。雖然消費級市場目前差不多由一家公司獨佔，但未來的市場演進也很難估計，只要有一點創意和技術突破就可能會有巨幅的轉變。

上世紀二十年代已經出現了遙控模型飛機這個玩意，起初是用作防空炮火的練習。直到二次大戰結束之後，小型原子粒（晶體管）的出現，取代了製作複雜笨重的真空管無線電裝置，讓模型飛機成為了平民都能夠接觸到的玩意。在六十年代左右，已經開始有人在香港飛放遙控模型飛機。

但早年的無線電器材使用 AM 和 FM 的調頻模式，極易受到其他無線電操作者的干擾。即使遠處之的士司機使用無線電呼叫電台，都有可能導致在飛鵝山飛行的遙控模型飛機失控墮機。所以當時要利用遙控模型飛機執行航拍任務是不大可能的。

check it!

Aerosonde 無人機在 1998 年成功橫越大西洋，開啟無人機的新一頁。

◗ 2003 年 5 月香港航空青年團正在啟德舊跑道教授學員操控模型飛機,筆者利用改裝模型飛機進行垂直航拍。可惜當年的攝影測量軟件未能追上航拍技術的發展,成熟的軟件要幾年之後才出現,讓航拍機成為測量的主要工具之一。

　　九十年代開始進入數碼化遙控。無線電遙控改用了極高頻(UHF)頻率,模型飛機被干擾的機會大幅減少。加上全球定位衛星(Global Positioning System, GPS)在 1995 年開始全球 24 小時運作和自動飛行控制器(Flight Controller)的發展,遙控模型飛機的可靠性和自動化得以大大提高。1998 年 8 月 21 日,Aerosonde 無人機成功橫越大西洋,讓人類開始關注到無人機的發展潛力。發展到今天,數碼化的無線電遙控、衛星定位系統、慣性導航儀和高能量的鋰電池,都令航拍機的操作更加簡易。

　　今天航拍機以四軸無人機為主流。四軸機操作簡單,飛行效率高,輕便易攜,是旅行、消閒和簡單航拍任務的不二之選。但四軸機有一個最大的缺點,就是沒有飛行冗餘性(Redundancy)——即使有一個電機出現問題,或者螺旋槳飛脫,四軸機就會立即掉到地上。所以四軸以下的航拍機並不適宜在人群密集或風險高的地點操作。

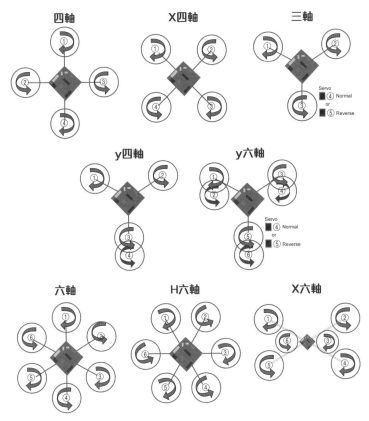

多軸無人機的分類，X型四軸無人機是目前航拍機的主流。

多軸機亦有六軸機、八軸機等設計。好處就是有較多的飛行冗餘性，萬一有任何一個電機故障或螺旋槳飛脫，航拍機都能夠保持有限的飛行能力，不致即時墮地。不過六軸以上的無人機機身龐大，不便攜帶和消閒時使用，而且相對耗電，飛行效率較低。一般來說這些航拍機都是工業或特定行業使用。

▶ 比利時 Flying Cam 在 1988 年成立，是最早應用在電影拍攝的無人機，不少大電影如 007 系列都是使用該機種拍攝。由於有強大的負載能力，甚至可以搭載激光雷達、磁強計等測量器材。

此外，航拍機的始祖——傳統旋翼機（直升機）也有一定的地位。旋翼機有更好的續航力和飛行速度，是早期電影製作常用的航拍機機種。但是操作旋翼機需要很高的操控能力，而且旋翼機的旋翼殺傷力很高，加上機身體形龐大，並非一般用家的最好選擇。今天旋翼無人機主要是用作高負載或超遠程的任務，例如噴灑農藥、海事巡邏等。

◀ 瑞士的 Wingtra 垂直升降無人機。（Wingtra 網頁）

雖然飛機型（定翼機）的航拍機並不普及，但它是長時間航拍任務的首選。對土地測量、地理資訊搜集、農耕狀況監察有很大的幫助。以前農夫要購買過時的衛星照片來判斷農作物的收成，但今天只需要使用航拍機就能夠獲得即日的數據。不過操作定翼機必須要有足夠的升降空間，這並不是每個地點都適合。而目前發展中的垂直升降（Vertical Take-off and Landing VTOL）定翼航拍機也可能會成為未來行業用家的主流。

簡單來説，我們日常提到的航拍機都是無人機（Unmanned Aircraft）的一種。國際間一般視無人機為「不需要人類從內部直接介入的航空器」，主要分為以下三類：模型飛機（Model Plane）、遙控駕駛航空器（Remotely Piloted Aircraft, RPA）及自主性航空器（Autonomous Aircraft）。

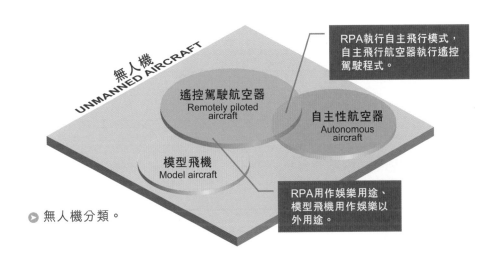

無人機
UNMANNED AIRCRAFT

RPA執行自主飛行模式，
自主飛行航空器執行遙控
駕駛程式。

遙控駕駛航空器
Remotely piloted
aircraft

自主性航空器
Autonomous
aircraft

模型飛機
Model aircraft

RPA用作娛樂用途、
模型飛機用作娛樂以
外用途。

▶ 無人機分類。

一般大眾會稱無人機為 "Drone" ，或 "Unmanned Aerial Vehicle"（UAV），而國際組織多用 "Remote Pilot Aircraft"（RPA）作為無人機的稱呼。RPA 就是一種由遙控站（Remote Pilot Station）透過通訊系統（例如：無線電、衛星通訊）操縱的無人駕駛航空器，理論上，所有現時由飛行員在機外操縱的航空器類型都可變為 RPA 類別，所以 RPA 所涵蓋的範圍可以很大。而模型飛機則被視為休閒娛樂用途的遙控飛機。至於日常提到的航拍機就要視乎使用目的，可能會是模型飛機或 RPA，又或是兩者之間。不過不同國家對於無人機的歸類都可能有些不同，以現時香港民航處的處理方法，會把作閒餘活動放飛重量不超過七千克（不計燃料）的無人機系統歸類為無線電控制模型飛機，但有些國家的民航組織會把模型飛機視為 RPA 的一種。

隨着科技發展日益進步，人工智能和無人機相關技術發展成一種完全自主飛行、不用依賴人類意志介入控制的無人機，稱為自主性航空器（Autonomous Aircraft），可以日後用於環境監察、貨物運送、巡邏等工作。

至於不同地區對於無人機實施的規例，大多都以重量來區分，簡略以下：

Large UAV 大型無人機
150 公斤以上

基本上這類無人機和載人飛機一樣，需要由獲取飛行執照的飛行員操作。例如重 14 噸的 RQ-4 全球鷹 Global Hawk，或者重 5 噸的 MQ-9 收割者 Reaper 無人機等。

Medium UAV 中型無人機

150 公斤到 25 公斤之間

同樣地這類無人機和載人飛機一樣，需要由獲取飛行執照的飛行員操作和飛行。但由於飛機重量和輕型飛機 Ultralight 相若，對飛行員的要求比較寬鬆。例如重 95 公斤的日本 Yamaha R-MAX 和奧地利重 50 公斤的 Schiebel Camcopter S-100。

Small UAV 小型無人機

25 公斤到 2 公斤之間

由重 3 公斤的 DJI Inspire 2，到重 22 公斤的 Scan Eagle、Rigel 的 Ricopter 激光掃描無人機等，都是這個級別的無人機。在某些對無人機態度開放的國家，操作這個類別的無人機要求大致和操作模型飛機的要求相差不遠。

Riegl Ricopter 是一款配備高階激光雷達（Light Detection And Ranging，LiDAR）的八軸無人機，用以近距離掃描地表測量高度變化、古蹟保育、工程測量等。

▲ Riegl Ricopter 配備激光雷達。

Micro UAV 微型無人機

2 公斤到 0.25 公斤之間

　　這個是目前消費級航拍機（無人機）的主流，包括 Parrot Bebop 和 Anafi、DJI 的 Phantom、Mavic 系列、Yuneec Typhoon 系列等。這亦是目前引發無人機立法和爭議最大的機種。

◭ Parrot Anafi 是一款能夠拍攝天頂的微型四軸航拍機。

◭ Vantage Robotic 的 Snap 是一款被美國聯邦航空管理局批准可以飛越人群進行拍攝的四軸航拍機。當 Snap 萬一遇上意外墜地，除了有槳保裝置，飛機還會自動解體減少對人的傷害。

◎ Phantom RTK 是一款專業測量用的無人機。

◎ DJI Mavic 系列是一款很普及的航拍機機種。

Nano UAV 納米無人機

250 克以下

　　由 DJI 的 Mavic Mini 和 Tello，到軍用的 Black honet PD-100 都是這類納米無人機。由於重量太少，不易對人造成大傷害，所以一般對操作者都沒有特別的訓練要求。

◑ 在阿富汗戰場應用過的 Black honet PD-100，重量只有 100 克。

◐ Air Selfie 是一款可以放入褲袋的輕便航拍機。

如果以飛行原理來區分，無人機跟載人飛機分類其實都是一樣，只是分別在無人從飛機內部直接操控，簡略如下：

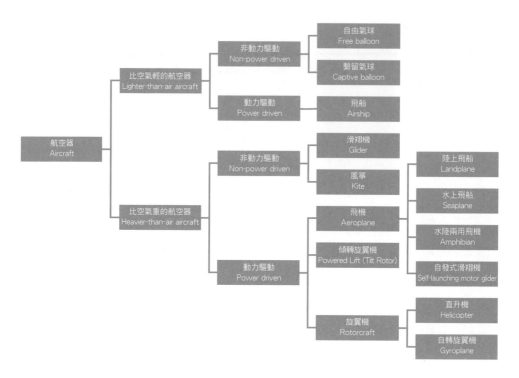

🔵 香港法例第 448C 章《1995 年飛航（香港）令》附表 1 對飛行器的分類，所有動力驅動的飛行器都可以是無人機。

　　如果要講消費級航拍機，一定要會聯想到中國的大疆創新（DJI）。大疆多款的小型航拍機差不多佔有了大部分消費級航拍機市場。由重量不足100克的Tello，到穩佔市場的1.5公斤級Phantom系列，都是這幾年市場上的焦點。大疆早期以生產航拍機飛行控制器為主，買家必須要懂得一些基本的電子和裝配模型飛機知識，才能夠組合出自己心目中的航拍機。在2013年推出的第一代Phantom和第二代Phantom 2系列航拍機，都必須要用家動一動手連接電線，才可以使用GoPro或其他相機進行拍攝。但這樣的產品只能夠吸引小眾喜愛DIY的買家。Phantom2航拍機配合另購的GoPro相機，能夠輕鬆拍攝出高清的影片，迅速地把大眾的焦點搶佔過來。這個簡單的組合，立即把以前費用高昂的航拍製作，變成了平民都能夠付擔得起的消費產品。大疆航拍機以操作簡單、穩定和配備高質素的小型相機為號召，贏盡了大部分的消費級航拍機市場。2015年推出Inspire

🔺 Phantom系列是DJI大疆創新的暢銷機種，佔據航拍機很大的市場。

◀ DJI Spark是一種輕便易用的航拍機。

🅐 市場也有很多廉價的小型四軸機可作練習之用。

系列,更把專業級的航拍帶進平民家中。Inspire 配備自家的 4/3 相機和可轉換鏡頭,讓航拍機和相機真正地聯合起來。如果以旅行輕便用途為主,Mavic 系列也是可靠中肯的選擇。

但消費級有沒有其他選擇呢?其實最初四軸航拍機是由一間加拿大叫 Draganfly 的公司推出。但目前市場策略只照顧專業用家,所以產品並不普及。

此外,作為航拍機的先峰之一的 Parrot,在收購了行業測量機公司 Sensefly 之後做了不少技術轉移,也是可以考慮的選擇之一。Anafi 是目前

check it!

Draganfly 近年比較注重專業用家市場的發展。

消費級市場唯一可以鏡頭作 360 無死角的拍攝,針對喜愛拍攝 360 全境相片的用家,也對一些屋宇建築 檢查的工作有幫助。

如果飛行的範圍比較人多,也可以考慮 Vantage Robotics 的 Snap。這架航拍機是美國聯邦民航局(FAA)批准能夠用於人群上空拍攝新聞片段的航拍機。它除了有 Sony 1/2.3 吋 Exmor IMX377 感光元件不俗的畫質表現,和四個旋槳獨立的保護罩之外,機體遇上撞擊的時候還會完全解體,減低了嚴重傷害別人的可能,是一架較適合近距拍攝人群的航拍機選擇。如果要拍攝高危運動也可以考慮這款飛機。

🔺 Vantage Robotics 的 Snap 是一款十分安全的航拍機。

　　無論購買哪一款航拍機，一般用家都不要過度追求 4k 甚至 8k 的視頻錄像。除了做專業的航拍短片的工作外，對於大部分的消費級的用家都是沒有太大用途，最終你會發現自己拍了很多只會看一次半次、但記憶空間龐大的視頻錄像檔案。而且，如果是用於記錄和視察用途，拍攝相片能觀測到的解像度往往比視頻高出一倍以上。

　　購買航拍機的第一個考慮是航拍機主要在怎樣的環境下飛行：室外？室內？大風環境？磁場複雜的地方？海上？海上一般較內陸大風，高空的風較地面的風強；如果是長時間在較大風的地方使用，口袋式的航拍機就不太適合。如果是在室內，大型航拍機就很難操作。

第二點考慮才是拍攝影像的質素。如果要求不是太高,只是拍攝一些生活或旅行體驗,1/2.3" 的感光元件是可以接受。但如果需要把作品刊出播放,1" 感光元件是最少的要求。

第三點考慮是航拍機的續航力。市面上的四軸航拍機續航力由 10 分鐘到 30 分鐘不等。但大家一定要把時間打上一個八折以保留電力作緊急狀況備用。當然愈能夠飛得持久,對拍攝工作會帶來更多的便利。

專業級市場選擇 ▷

説到專業級和消費級的航拍機,分界其實不太容易分辨。一架重 100 克的 Black Hornet PD-100 PRS NANO Drone,外表和一架百多元的玩具級直升機差不多,但卻是一架價值港幣 50 萬同時需要有出口許可證才能夠購買的航拍機。專業航拍機主要是能夠在某一個工作範疇上做到最高或中上以上的水平。

如果説到航拍視頻的要求,DJI Inspire 系列是一個入門門檻。它提供了一個額外抗風的機體,並能提供多款可更換的 4/3 鏡頭選擇。但飛行時間較 Phantom 系列短,而四軸設計亦不宜在人群聚集的地方使用。

● DJI M600 是一個重型攝影平台,主要用作電影拍攝和航空測量的工作。

● DJI Inspire 系列能轉換鏡頭,適合不同取景需要。

DJI 的 M210 和 M600 系列都提供了不錯的飛行平台供不同行業去應用。M600 六軸機更有額外的冗餘飛行性能。不過如果要使用 M600 這個 10 公斤級飛行平台，必須要留意當地有關的法則。

日本 Yamaha Drones

要說工業用的無人直升機，首先應該由日本的山葉 Yamaha 公司說起。對，就是那間以生產啡呤電單車、樂器、遊艇、衛浴等，以經常不務正業而聞名的公司。它在八十年代已經開始研發和生產噴灑農藥的小型無人旋翼直升機 R-50。2007 年更以出口管制為由禁止輸出工業無人旋翼直升機 RMAX 到中國地區。可是時移世易，這種技術在某程度反被中國超前。Yamaha 的重型無人旋翼直升機能夠在強風和惡劣的環境下操作，可以在火山口甚至是核事故的現場收集樣本用作分析之用。

check it!

Yamaha 最新推出的 YMR-01 是一款高冗餘性的八軸無人機。

德國 Ascending Technology

德國 Ascending Technology 的 Falcon 8 在測量和監察方面有很好的表現。最重要是它有足夠的飛行冗餘性能，可是只備有二軸雲台，對航拍視頻並不理想，而續航力也不太足夠。Intel 在 2016 年全面收購了 Ascending Technology，現在也在編隊飛行表演上發展。

● Intel 的 Falcon 8 是一款針對工業檢查的無人機機款，但兩軸雲台設計不利影片拍攝。

Microdrones 是德國無人機先驅之一，以全碳纖結構和接近藝術家的工藝去生產專業工業級航拍機。雖然只有兩款 MD4-200 和 MD4-1000 可以選擇，但即將推出的 MD-3000 是飛行距離達 50 公里級的航拍機，是不少歐洲專業用家的不二之選，甚至 DHL 也是選用 MD 作貨運試驗。MicroDrones 工藝水平很高，加上自行研發電機，懸空時極為慳電。與很多德國產品一樣，以貴精不貴多見稱。

🔺 Microdrones 無人機除了用於測量偵測外，也用於貨運方面。

美國 3D Robotic（3DR）

3DR 的 Solo 雖然被 DJI Phantom 2 及 Phantom 3 在消費市場擊敗，現改作地圖測繪用的行業無人機發展。

check it!

3DR Solo 現配上 APSC 級的相機用作土地測繪之用。

Yuneec 昊翔

Intel 入股的 Yuneec 昊翔仍然是一間多元產品的航拍機公司。Typhoon H plus, H520 是唯一一架小型六軸航拍機同時配有 1 吋感光元件。Yuneec Typhoon H 是市場上少有的微型六軸航拍機，配以 1 吋感光元件僅重約 2 公斤。

DIY 自製航拍機

說到航拍機的發展，可以由十幾年前一班不同背景的模型發燒友在 DIY Drones Community 這個網上討論區互相交流而發展出來。很多當時天馬行空的內容，今天都變成了現實。網主 Chris Anderson 更創立了 3DR 無人機品牌。今天，一些航拍機界的代表人物都曾經是這裏的常客。

DIY 航拍機的核心是飛行控制器（Flight Controller）。一個性能良好、調整快捷、不受干擾、高穩定性和高冗餘的飛行控制器是每一架航拍機的靈魂，是 DIY 航拍機的最重要選擇。飛行控制器的價錢可以由下至一百港元、上至過萬元不等。

　　而 ArduCopter 是當時 ArduPilot Development Team and Community 一種開源的飛行控制器，在討論區有不少的應用交流。

　　大疆早期也以生產飛行控制器和 DIY 航拍機配件為主，但今天大疆已經停止了大部分 DIY 配件的生產。市場上仍有零度智控、桂林飛宇等好幾十種不同性能的飛行控制器供應，由無 GPS 到配備各種 Sensors 的高檔飛行控制器均有。

現在 Pixhawk 是一個最穩定、最多元化的開源飛行控制器。自行製作航拍機應先由淺入深，可以先由製作一部小型航拍機開始。初學者也不宜一起步就製作競速機機種。

◐ Pixhawk 是一種開源的飛行控制器，機手可以自己調校無人機的各項性能及反應。但必須要有一定模型飛機製作經驗的朋友才適用。

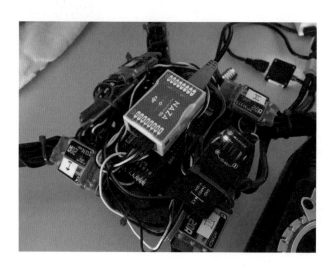

▲ 早期 DJI 生產的 NAZA 哪吒是一款易裝易用的飛行控制器，後來安裝到 Phantom 內獲得極大的商業成功。

選擇飛行控制器時，需要因應航拍機的大小、任務、負重等需要來決定。然後配上合適的機架、電變（Electronic Speech Controller, ESC）、電機、螺旋槳、遙控器、接收器、電池、雲台、圖傳、數據電台、地面站等來製作航拍機或無人機。DIY 航拍機必須要有耐性，慢慢累積經驗才能夠成功。筆者建議大家盡量先主攻一兩款飛行控制器來製作，避免因使用太多種類之飛行控制器而產生設定上和操作上的混亂，造成意外或危險。

第二章

認識你的
航拍機

認識你的航拍機

　　市面一般消費級的四軸航拍機，由數百元到萬多元之間。它們大致上有以下的設備：

動力部件	資訊傳遞部件
① 航拍機機身	① 遙控發射機及接收機
② 配電板	② 天線
③ 電調（ESC）和外置降壓模塊（UBEC）	③ 圖傳
④ 電機（馬達）	④ 數傳
⑤ 螺旋槳	⑤ 雲台
⑥ 電池	⑥ 尾燈

電子控制部件
① 飛控及慣性導航儀 Inertial Measurement Unit, IMU
② 衛星定位系統 GNSS / 全球定位系統 GPS
③ 感應器
④ 地面站軟件

航拍機設備

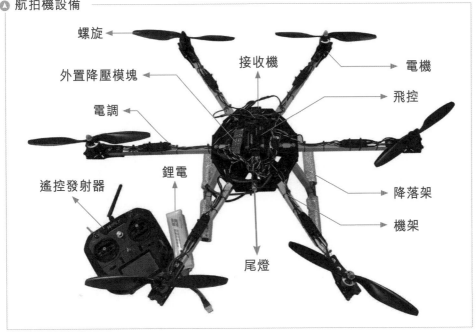

螺旋　接收機　電機　外置降壓模塊　飛控　電調　遙控發射器　鋰電　降落架　機架　尾燈

航拍機系統配置圖

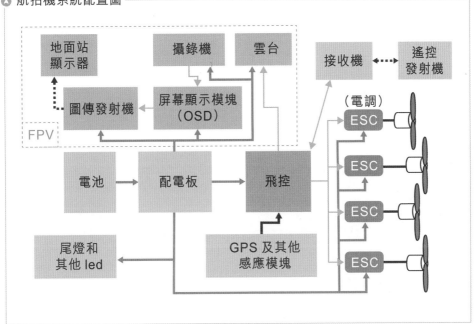

地面站顯示器　攝錄機　雲台　接收機　遙控發射機　圖傳發射機　屏幕顯示模塊（OSD）　FPV　（電調）ESC　電池　配電板　飛控　尾燈和其他 led　GPS 及其他感應模塊

航拍機機身（機架）

　　機身是容納所有電子設備的航拍機的主體，須要輕巧而堅固。機身的主要材料是碳纖維板或管、玻璃纖維板或管，或鋁合金管。對於多旋翼飛機，飛控和其他設備安裝在機身中央，而電機和螺旋槳則安裝在每個臂上。一些機身設計可折疊，以減少儲存空間。

不同類型的機身

▶ 展開式

螺旋槳保護罩
（槳保）

GPS

▶ 折疊式

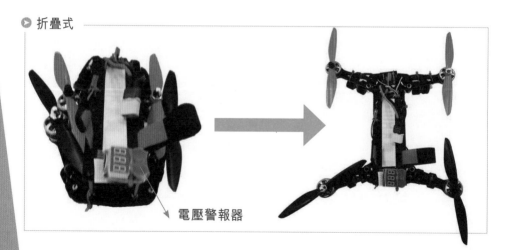

電壓警報器

消費級航拍機通常比自建航拍機具有更長的飛行時間，因為消費級航拍機會通過集成電子設備來減少重量。自建航拍機一般飛行不到 10 分鐘，而消費級航拍機一般可以飛行 20 分鐘或更長時間。

航拍機的尺寸通常指的是「對角電機軸的距離」。根據大小，航拍機可以分為不同的類別：

- 迷你 <100mm
- 小號 100- 300mm
- 中號 300-550mm
- 大號 >550mm

重量

航拍機的所有起飛重量（All-up Weight, AUW）應包括電池和所有負載組件。

所有起飛重量 AUW = 電池 + 所有負載組件

▲ 迷你航拍機
（尺寸 = 100 毫米）

動力系統的推力要求

動力系統必須能夠提供高於 AUW 的推力來保持飛行狀態，並且擁有剩餘動力來實現其他飛行動作。

- 正常飛行對總推力的最低要求 = 2 x AUW
- 特技飛行對總推力的最低要求 = 4 x AUW

例如，一架 1000 克四軸飛行器，正常飛行下需要 2000 克推力，即每一軸的「電動機和螺旋槳」組合至少應產生 500 克的推力，否則，航拍機有可能會在飛行操作中失控。筆者曾目睹過一位航拍機駕駛員超載了其航拍機，把一台單反相機安裝到 DJI Phantom II 上， 雖然成功起飛，但不久便失控，最後整機掉入海中。

遙控發射機及接收機

目前有三種控制航拍機的方式：遙控發射機、智能手機 / 電腦、手勢。遙控發射機是手感最強，反應最快的操控方法。所以初學者較適宜購買配有遙控發射機的航拍機。

在上世紀八九十年代，遙控器一般使用 27MHz、29MHz、40MHz、72MHz 等波段，經常受到電波干擾造成飛機失控。目前遙控器一般使用 2.4GHz 的頻道，有一些型號更會使用 5.8GHz。相比 5.8GHz，2.4GHz 的遙控距離較遠，但干擾源太多，較適合在郊外使用。5.8GHz 的遙控距離較短，但干擾較少，較適合近城市的範圍使用。在香港，2.4GHz 和部分 5.8GHz 頻道是豁免申請的頻道，用家需要注意。目前的遙控多以跳頻技術 Frequency-hopping spread spectrum（FHSS）方式傳送，遙控發射機和接收器之間有特定的代碼，以避免干擾。這意味着即使是同一遙控發射機和接收器品牌的多架航拍機也可以一起飛行。但是低成本的航拍機會因成本問題而使用單一代碼，因此同一品牌的廉價航拍機可能會相互干擾，應避免多機一起飛行。跳頻技術遠比早年模擬化的調幅廣播（Amplitude Modulation, AM）和調頻廣播（Frequency modulation, FM）更為可靠，是航拍機能夠穩定受控飛行的重要因素。

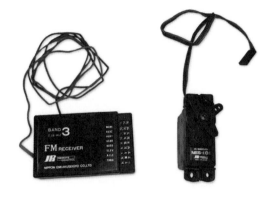

◭ 上世紀的遙控射線器、接收機和陀機。

◯ 不同尺寸的現代接收器。

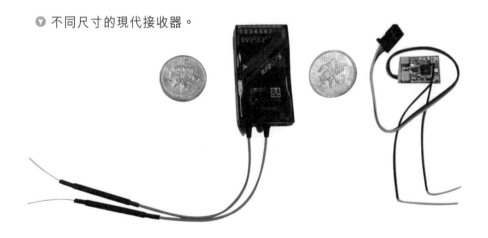

航拍機的四個基本飛行動作 ▷▷

遙控發射機主要是利用兩支兩軸搖杆來控制航拍機飛行的四個基本動作（假定在沒有風或其他阻力的影響下）

航拍機飛行動作	搖杆用語	圖解
機身上升或下降	增加或減少油門 （Throttle up/down）	上升 下降
機身擺左或擺右	側滾向左或右 （Roll left/right）	擺左　擺右
機頭向左轉或右轉	偏擺向左或右 （Yaw left/right）	左轉 右轉
機頭後仰並向後飛 或機頭前俯並向 前飛	後仰或前俯 （Pitch up/down）	後仰　前俯 飛後　飛前

　　此外，也會有一些功能鍵，例如回航（Home）、翻滾、鏡頭角度，或調校相機的曝光數值。新一代的遙控器有 Wifi 的功能，容許連接智能電話以提供飛行影像和飛行數據資訊。

品牌編

　　航拍機可以整套購買，也可以自行購買零部件組裝。對於整套航拍機，通常會配備遙控發射機（內置式顯示屏或插入式手機顯示屏）。而自行建造的航拍機，你需要單獨購買遙控發射機。市場上有很多品牌，取決於

和功能，價格從幾百港元到幾千港元不等，國外著名的遙控發射器品牌包括Futaba、JRS PAMERICAS、Hitec 等。本地遙控發射器品牌包括 WFly、Radiolink、FrSky 等。要控制航拍機，遙控發射機至少應具有 5 個控制通道，4 個通道用於飛行控制，1 個通道用於改變飛行模式，餘下通道則可用於其他設備，例如控制攝影鏡頭方向。一些遙控發射機甚至可以具有 32 個或以上的通道。

◎ DJI Mavic II 隨附的遙控發射機。

◎ 不同品牌的遙控發射機，售價由港幣數千元到百多元不等。

操縱桿編

購買航拍機時要指明是購買 Mode 1 還是 Mode 2 的遙控器，Mode 1 和 Mode 2 之間的主要區別是油門桿，左手油門或右手油門。油門桿有兩種不同的配置：

△ Mode 油門桿位置

1. 鬆開油門桿時，油門桿會維持當前位置，不會自動回到中位。

2. 鬆開控制桿時，會回到中位，可以對應航拍機的懸停飛行功能。

航拍機以第二種比較常見，因為當所有控制桿都位於中心位置時，會發出懸停命令，使航拍機停留在特定的位置和高度。

中位　　高位　　低位

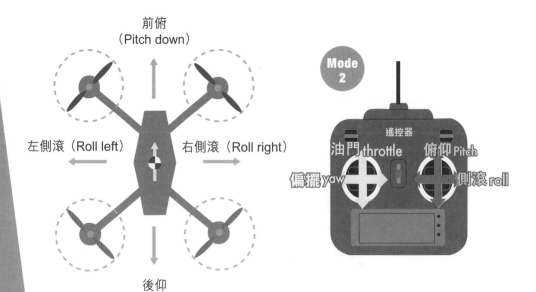

前俯
（Pitch down）

左側滾（Roll left）　右側滾（Roll right）

後仰
（Pitch up）

Mode 2

遙控器

油門 throttle　俯仰 Pitch
偏擺 yaw　　側滾 roll

如買了第一種遙控發射機，想要切換左手油門或右手油門，大部分遙控發射機需要打開外殼並修改內部操縱桿的配置，因為不同的品牌具有不同的設計，這需要一定的 DIY 技術。

遙控發射機的先進功能

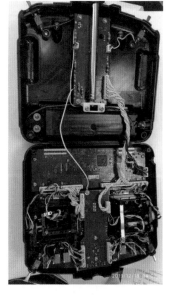

▲ 遙控發射機的內部結構。

- 雙重速率——可以讓航拍機對控制桿有兩種不同的反應速度，可快可慢。

- 伺服反向——允許通道輸出反向。

- 混合通道——可以讓兩個獨立的通道相互配合工作。

- Expo——指數，調整操縱桿的反應曲線。

- 行程調整（終點）——可以設置每個通道的行程上下限。

- 次修正——微調每個控制桿的中位點。

- 多型號內存——允許儲存不同航拍機的配置。

- 訓練功能——允許飛行學員的發射機通過電纜連接到教練的發射機。當學員遇到困難，只要輕輕一按，教練就可以立即取得控制。

▲ 訓練線。

天線

無論是遙控發射機或航拍機上都有天線，是航拍機的重要零件。如果天線意外地受損或接觸不良，除會導致航拍機失去訊號外，亦會導致發射器零件過熱損毀。所以千萬不要開啟沒有正確接上天線的遙控器或航拍機。

一般的航拍機都是採用全向天線（Omnidirectional Antenna），以應付不同方向的飛行位置。雖說是全向天線，但天線的頂部和底部都是訊號最弱部的位置。所以，機手不應將天線頂部像指揮棒般指向航拍機的方向，而是橫向天線向着航拍機最為理想。

全向天線可以 360 度操作，但缺點是訊號增益不理想，而且也較容易受其他訊號干擾。因此，不少機手都會改用方向性天線（Directional Antenna）讓航拍機能夠飛得更遠，有更好的遠程飛行表現。在目前以 2.4G 和 5.8G 波段作為主流遙控頻道下，使用天線反射板已經是一個最方便和廉價的做

🔺 天線反射板

法。在發射機安裝天線反射板，可以使發射的無線電波集中到前方，提升有效訊號距離，在接收機安裝天線反射板，則可以把天線的接收面積增大，大大提升天線的靈敏度和改善訊噪比。有一些同好甚至即時利用飲用完畢的鋁汽水罐、啤酒罐簡單製作天射反射器使用。

若果要有更好的效果，部分人會選擇改用平板天線，甚至是八木天線（俗稱魚骨天線）。使用這類方向性天線會大幅改善航拍機的有效訊號距離，但缺點是如果航拍機超越了目視距離而方向性天線沒有指到航拍機的方向，就會造成訊號中斷而返航。因此，它必須與天線跟踪器一起使用。跟踪器監視航拍機的 GPS 位置，並驅動平板天線自動指向航拍機。這稱為自動天線跟踪（Automatic Antenna Tracker, AAT）功能。此外，改裝天線涉及駐波調校，沒有足夠器材和經驗的朋友不建議作這個選項。

▶ 跟踪器。

▲ 大型平板天線
（230cmX30cm）

▶ 小型平板天線。

◀ 蘑菇天線。

個別朋友會選擇改用功率放大器加方向性天線，以增強航拍機的遠距離遙控能力，和減低受其他訊號干擾的機會。但這類改裝涉及一定電子工程技術，亦有可能違反當地的電訊法例，而且高能量的無線電訊號也可能對人體造成未知的影響。所以考慮這個選項的朋友要好好三思。

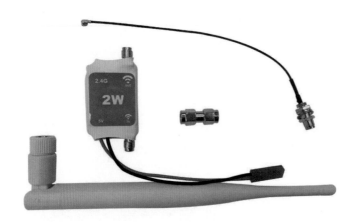

◀ 2000mW
航模專用訊號
放大器。

飛控及慣性導航儀

飛行控制器（Inertial Measurement Unit, IMU，簡稱飛控）是航拍機的大腦。它由慣性測量單元（IMU）和微控制器組成。

IMU 是一個量度航拍機姿態改變的重要零件。IMU 內有加速度計、氣壓計、磁力計和陀螺儀，利用三種物理原理來判定航拍機的姿態改變，微控制器從 IMU 和其他傳感器獲取信息，計算出在不同的飛行運動中各電機所需的推力，再通過電子調速器（ESC）控制不同電機的速度。航拍機才能夠自行調整偏則了的姿態保持平衡和穩定。在上世紀，這個零件是利用大型的金屬陀螺儀來製成，只能夠用於飛機、船隻和大型火箭之上。但後來經過不斷的微型化，已經是航拍機、遊戲機和手機內的其中一個零件。

現在的 IMU 多以 Microelectromechanical Systems（MEMS）的設計為主。

　　結合其他傳感器，例如 GPS 模塊、距離傳感器等，飛行控制器可以達成更高級的功能，例如自動回原點、自動駕駛、碰撞檢測等。對於小型航拍機，為了最小化空間，將飛行控制器、配電板、電調都集成在一起，形成了一個控制塔。

常見的飛行控制器

🔺 pixhawk

🔺 DJI Naza

🔺 SP Racing F3

🔺 pixhawk2

🔺 飛行控制塔

　　就像商用飛機一樣，一些先進的飛控會集成超過一個 IMU，讓他們協同運作以提供額外的安全性。這種類型的飛行控制器比普通的飛行控制器貴得多，甚至價值幾千港幣。

　　提示：在航拍機上，請避免飛控受陽光直射，長時間飛行可能會導致飛控過熱，令它失靈並無視任何控制地飛行，所有內置安全設定也可能無法正常工作。

衛星定位系統 GNSS / 全球定位系統 GPS

　　Global Positioning System（GPS）是美國的全球衛星定位系統簡稱，在上世紀 90 年代開始使用。而之後有俄羅斯的 GLONASS、中國的北斗 Baidu 和歐盟的 Galileo 衛星定位系統建立。Global Navigation Satellite System（GNSS）是上述各種系統的統稱。早期的航拍機只能接收 GPS 的衛星來定位，但近年的航拍機多改用 GNSS，即可以同時接受多過一個衛星定位系統的衛星來定位，大大增加了定位的穩定性和準確度。如果航拍機沒有 GNSS 或 GPS，就無法做到空中自動懸停、航線飛行和自動回航等功能，所以這是現代航拍機的基本裝置要求。

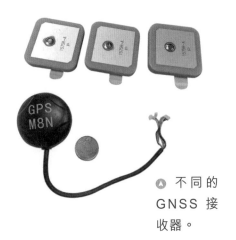

GNSS 的位置精度可以通過精度稀釋（Dilution of Precision, DOP）進行測量。DOP 數值有 4 種：

- 幾何或位置（3D）精度稀釋（GDOP 或 PDOP - 3D）；
- 水平精度稀釋（HDOP）；
- 垂直精度稀釋（VDOP）；和
- 時間精度稀釋（TDOP）。

⬆ 不同的 GNSS 接收器。

如果特定 DOP 數值等於 1.0，則表示「完美」，大於 2 少於 5 仍是「優秀」。該 DOP 數值可以在地面站軟件上找到，一般消費級航拍機不會提供讓該數值。民用 GPS 系統可以達到 1 米到 5 米精度。一些商用航拍機會利用視覺識別系統來實現更高的精度。

DOP 數值	評分	狀態
1	完美	最高精確度
2-5	優秀	足夠大部分應用，自動導航可靠
5-10	中等	一般位置定位仍可接受，但不建議自動導航
10-20	一般	只可用作粗略定位
>20	差	不可作定位

更先進的 GNSS 定位技術可以通過使用相對 GNSS 定位方法（例如差分 Differential GNSS, DGNSS）和實時運動學（Real Time Kinematic, RTK）來提高精度，從而提高定位精度。已知的固定位置的基站會計算出測量位置與實際位置之間的誤差，然後將其發送回航拍機的 GNSS 接收機進行計算。DGNSS 系統能提高定位精度至 1 米，RTK 則可以提高定位精度至幾厘米。

⬆ RTK 套裝。

感應器

光流感應器

　　光流傳感器是基於視覺的位置傳感器。光流感應器就像電腦光鼠一樣，辨認地面的紋理來控制飄移，它使用低分辨率相機來跟踪地面紋理或可見特徵以進行定位和速度。光流傳感器的性能取決於照明和捕獲的表面類型。

　　這個感應器讓航拍機在接收不到 GNSS 或 GPS 的時候，特別是在室內的時候不會飄走，在低空懸停時它也比 GNSS 更有效。但光流感應器只能在特定的高度（兩、三米內）和不反光、不平滑的平面上才能發揮功能。

　　許多光流商業模塊都與超聲波距離傳感器集成在一起。

Ⓐ 普通光流量傳感器。

Ⓐ 集成了超聲波測距的光流量傳感器。

距離傳感器

　　距離傳感器（或接近距離傳感器）用於檢測從傳感器到附近物體的距離，而無需任何物理接觸。它通過輸出某種信號（例如激光、Infra Red LED、超聲波），然後讀取返回的信號如何變化來工作。這種變化可能是返回信號的強度、返回信號所花時間等。

⬛ 超聲波測距儀。　⬛ 紅外線感應器。　　⬛ 激光距離傳感器。

1) 超聲波測距儀

　　這種測距儀利用聲音反射來判斷距離,用於保持飛行高度或者避障,成本便宜,但技術上有不少缺陷。例如一個傳感器可以檢測附近的其他傳感器所發出的聲波,所以當多於一台超聲波測距器一同工作時,有機會互相干擾,工作期間也可能受其他噪音干擾。而且由於不同物體的聲音反射特質不同,也會造成錯誤,例如經過地面和水面分界時,高度測距就可能失準。好處是不受戶外日光影響,測距上限約 5 米左右,受更新速度所限,這種測距方法在高速飛行時是無法及時剎停航拍機。

2) 紅外線感應器

　　紅外距離傳感器由一個紅外 LED 和一個光檢測器或 PSD(Position Sensing Device 位置傳感器)組成。LED 發射紅外光束,當光束被物體反射時,反射光束將到達光檢測器,並且在 PSD 上會形成一個「光點」,當物體的位置改變時,反射光束的角度和 PSD 上光斑的位置也會改變,傳感器通過三角測量來計算反射物體的距離。缺點是會受戶外日光干擾,難以工作。

3) 激光距離傳感器

原理是向物件發射快速脈衝的激光，當光線照射到目標物體上時，它會反射回傳感器，該傳感器測量脈衝從目標反彈回來所花費的時間。通過使用光速來計算到物體的距離，以準確計算出行進的距離。好處是距離大，更新速度非常快，但缺點是高電流消耗和昂貴。

▲ pixhawk 飛行控制器連接了光流量傳感器和激光距離傳感器。

避障感應器 ▷

今天新款的航拍機也加上了不少的避障感應器，改善了穩定性能和避障功能防止意外。

一般的航拍機避障系統由超聲波傳感器或紅外傳感器組成，它們安裝在航拍機機身的前方、後方和側面，性能取決於傳感器範圍和反應時間。

更先進的系統會利用視覺圖像複合型技術進行障礙物感應。它的感測距離可以超過 10 米，但其性能會受到圖像表面紋理和照明條件的嚴重影響，遇上紋理不豐富的東西如沙粒、雪地，或者天色昏暗、晚上就無法有效。

所有避障保護功能都只是輔助工具，機手必須依賴自已對環境的認知和判斷來操控航拍機飛行。

低壓警報器 ▷

它連接到 Lipo 電池的平衡電纜。如果電池電量低於預設水平，它將發出警報。

▲ 低壓警報器。

配電板

　　配電板將電池連接到所有其他電子組件。對於 DIY 的航拍機來説，配電板通常位於簡單的電路板中，如下所示。連接器焊接在其上，用於連接不同的組件。某些配電板集成電壓調節電路（BEC），可將電池電壓轉換為飛控用的 5 伏（V）電源和其他設備用的 12 伏（V）電源。 為了減輕重量，可以將電纜直接焊接到配電板上。如果配電板沒有 BEC，則需要安裝通用 UBEC。某些配電板甚至與電調（ESC）集成在一起。

◀ 普通配電板和帶有電壓調節電路的配電板。

◀ 帶有電壓調節電路和 4 個電調的配電板的底面圖。

◀ 已焊接連接器的配電板。

電調（ESC）和外置降壓模塊 UBEC

電子調速器（電調）是一種驅動電機的裝置，它將來自飛行控制器的信號轉換成馬達運動。由於航拍機的運動是通過改變每個電機的相對推力來控制的，因此需要短的反應時間（更高的速度變化率）。因此，航拍機的電調更新速率應至少為 400 Hz。其最高的可負載電流應超過每個電機的標示最高電流量的 20-50%，例如電機的標示最高電流量為 10A，選擇 12A 至 15A 電調就足夠了。

△ 20A 電調。

△ 30A 電調。

△ 電機和電調連接。

在航拍機上，不同的設備要求不同的電壓。要調節這些設備的電池電壓，必須使用外置降壓模塊 UBEC 來將電池電壓調節到 5V（例如飛行控制器）和 12V（例如便攜式攝像機），部分配電板已經內建 BEC，使用上更方便，但必須留意輸出功率是否足夠所有設備使用。

△ 具有 5V 和 12V 輸出的 UBEC。

電機（馬達）

　　小型的航拍機多用直流碳刷電機或空心杯電機，這類電機簡單但損耗率高，當飛了十數小時之後就可能需要更換。而目前大多數的航拍機都是使用無碳刷外轉子電機（無刷直流電機）。外轉子電機和傳統的內轉子電機之間的主要區別在於旋轉體。

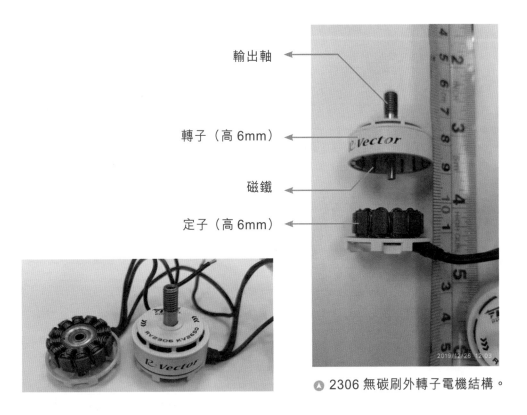

輸出軸

轉子（高 6mm）

磁鐵

定子（高 6mm）

▲ 2306 無碳刷外轉子電機結構。

　　內轉子電機的外殼是不旋轉的，在運行期間是固定的，又稱為「定子」。相反而言，電機的內芯在運行中會旋轉，又稱為「轉子」，所以輸出軸是連接到這個轉子內芯。

外轉子電機與內轉子電機相反。電機的外殼會在運行過程中旋轉，成為「轉子」。因此電機輸出軸是連接到殼體，而不是作為定子的內芯。

使用這種電機不能直接使用電池驅動，必須要有電子速度控制器（Electric Speed Controller，簡稱 ESC）把直流電轉為三相電才能夠驅動。相比直流碳刷電機，無碳刷電機的效率高，扭力較大，是目前航拍機最理想的動力來源。一般來說，一個操作良好的無刷電機是可以安全使用超過一百小時。如果飛行時數超過了一百小時以上，最穩妥的做法是更換電機軸承或直接更換整個電機。

◀ ▼ 不同型號的無碳刷外轉子電機。

　　KV 值是轉速 / 電壓的關係數值。一個 1,000KV 的電機，代表給予 10V 的工作電壓，其轉速就會是 1,000 x 10 或 10,000 轉一分鐘（Rotation Per Minute, RPM）。若果是一個 500KV 的電機，給予 10V 的工作電壓，就會產生 500 x 10 或 5,000 轉的轉速。一般來説，低工作電壓的航拍機會配上高 KV 的電機，高工作電壓的航拍機會配上較低 KV 的電機。

▼ 電機型號和性能。

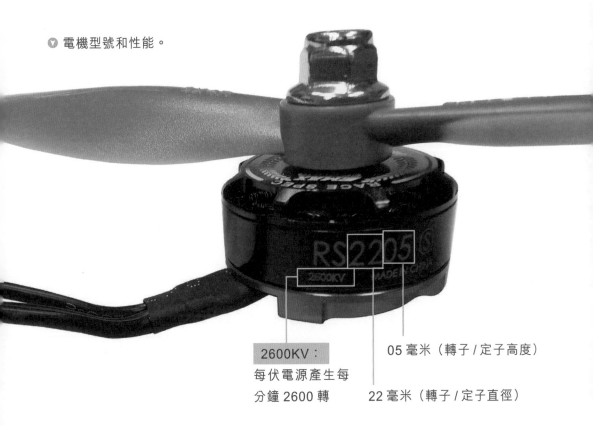

2600KV：
每伏電源產生每
分鐘 2600 轉

05 毫米（轉子 / 定子高度）

22 毫米（轉子 / 定子直徑）

電機的典型規格如下所示。

電壓 （伏特） （V）	螺旋槳 尺寸	電流 （安培） （A）	推力 （公克） （g）	功率 （瓦） （W）	效率 （公克／瓦） （g／W）	速度 （每分鐘轉速） （RPM）
11	8045	1	110	11	10.0	3650
		2	200	22	9.1	4740
		3	270	33	8.2	5540
		4	330	44	7.5	6200
		5	390	55	7.1	6700
		6	440	66	6.7	7150
		7.1	490	78.1	6.3	7400
	1045	1	130	11	11.8	2940
		2	220	22	10.0	3860
		3	290	33	8.8	4400
		4	370	44	8.4	4940
		5	430	55	7.8	5340
		6	480	66	7.3	5720
		7	540	77	7.0	5980
		8	590	88	6.7	6170
		9	640	99	6.5	6410
		9.6	670	106	6.3	6530

　　一個 2212 的電機代表外徑是 22 毫米，電機的磁片長度 12 毫米。不同規格的電機會產生不同的扭力和轉速，以配合特定的螺旋槳運作。不同的電池、電機和螺旋槳組合會產生不同的效果，例如速度、負重、續航上的分別，要視乎航拍機的任務需要來決定哪個組合最理想。

對於自建航拍機用戶，在不同的地面站軟件上，電機佈局中的電機 ID 是不同的。電機佈局是指與飛行控制器連接的電機的端口號碼。

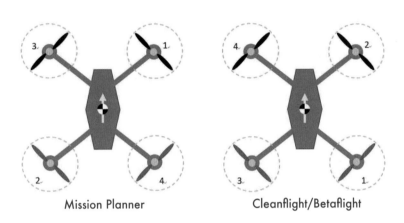

Mission Planner   Cleanflight/Betaflight

⊙ 不同地面站軟件下的電動機佈局。

螺旋槳

螺旋槳是航拍機飛行動力的來源。航拍機的每個螺旋槳都有不同的旋轉方向（正槳、反槳）。簡單輕便的航拍機（200g 以下）旋槳只需要直接插入電機的主軸上。但大家必須要留意螺旋槳的運作方向，螺旋槳有分正槳和反槳。

⊙ 正槳和反槳。

負重較高的螺旋槳多要上螺絲來安裝，十分複雜。近年以螺旋式或快扣式的螺旋槳較為普及，部分型號更使用上摺槳方便收藏。但無論是哪款螺旋翼，用家都要留意航拍機在高速時改變運動的方向是有機會導致螺旋槳脱離。所以除了用作競速比賽的四軸競速機之外，航拍機不宜使用「暴力」飛行：即急剎車、急轉向、急加速的操控，以免造成意外。

螺旋槳對動力有重要影響，配置正確的螺旋旋槳對航拍機的表現有很大的影響。對航拍機來説，平穩程度和飛行效率是最重要的考慮因素。

而螺旋槳的材料也有以下分類：

注塑槳

注塑槳使用塑料等複合材料製成。注塑槳的效率很高，可使用的時間比木槳和碳纖槳長，十分耐用。即使偶爾撞到沙泥，草頭都不易折斷。但槳身較軟，當在大負載和高速時會變形產生震盪，產生較大聲響。負重大的航拍機亦不會使用，不過隨着複合材料的進步，現時也開始出現強度高的複合注塑槳。

△ 12X6.5 複合注塑槳。

當電機扭力愈大，但又不容許安裝更大直徑的螺旋槳，為了達到更高的推力，就只能夠使用三葉片或四葉片以上的螺旋槳。但兩葉片螺旋槳的效率最為理想。

⚠ 三葉片和四葉片以上塑料槳。

碳纖槳 ▷

　　不少工業級的重型航拍機都會用上碳纖槳。碳纖槳硬度高、不易變形、效率高、破風聲少。但價格高，亦需要自行做靜平衡，而且極脆弱，只要些微碰撞就會斷槳。

⚠ 碳纖槳。

木槳

木槳頗為少見，但在一些高檔的定翼航拍機會用上。木槳用的材料多是欅木，欅木硬度高，重量輕，不易變形。優點包括振動細小、靜平衡完美、無破風聲、轉動聲音和諧，但效率會較低。但近年隨着製作工藝的進步，木槳的效率也改善了很多。

◁ 12X6 木槳。

螺旋槳的轉速最高可達每分鐘 10,000 轉以上，螺旋槳直徑愈小轉速愈高，螺旋槳需要作靜平衡才能消除振動。

△ 槳平衡器。

槳直徑和螺距

目前螺旋槳的型號呎碼仍然是使用英吋來表達。以 DJI Phantom 2 的 9443 槳為例，「94」是指 9.4 英吋直徑，而「43」是指螺旋槳旋轉一圈時，螺旋槳會向前移動 4.3 吋，簡稱螺距。

較低的螺距通常會產生更少的起升湍流，所需之驅動扭矩較少，因此電機從電池中汲取的電流更少，增加飛行時間。而螺距較高的螺旋槳每轉一圈可移動更多的空氣，獲得更大的推力，但通常會產生更多的湍流和需要較大的驅動扭矩。

正漿，6×4P

反漿，6×4R

🔺 漿直徑和螺距。

　　不同呎碼的螺旋漿一定要配合合適的電機來運作，才能夠產生最佳的效率和動力。簡單地說，高 KV 的電機會配合漿直徑細小的螺旋漿，低 KV 的電機會配合直徑大的螺旋漿：

- 直徑較小的螺旋漿與大直徑螺旋漿相比，其加速或減速所需的扭矩較少，擁有更快的反應。而高螺距的小型螺旋漿更適合快速機動的飛行要求。

- 低螺距的大型螺旋漿則更適合承載較重的有效載荷和航拍攝像機。

　　所以少於 8 英寸的螺旋漿最常用於競速機，大於 8 英寸的螺旋漿常用於承載較重的負載，例如視頻設備或用於農業的噴灑容器。

　　總而言之，負重高的航拍機會使用小螺距的螺旋漿而需要高速飛行的航拍機會選用大螺距的螺旋漿。對於不少 DIY 的愛好者來說，是會購買多款螺旋漿來測試出最好的電機或螺旋漿組合。

螺旋槳保護罩 ▷

有需要時,可以安裝螺旋槳保護罩(槳保)以提高飛行安全性。但要留意,航拍機裝上了槳保之後會降低飛行的穩定性並減弱抗風能力。一般只適宜初學人士練習,或在室內飛行或高風險環境下使用。

單層螺旋槳保護罩(槳保)

雙層螺旋槳保護罩(槳保)

🅐 螺旋槳護罩。

使用圖傳進行第一身視角(FPV)飛行 ▷

目前主流的航拍機,都會提供第一身視角(First Person View, FPV)的功能。由簡單的使用智能電話或者平板電腦,到使用筆記本電腦和 FPV 眼鏡觀看都有。FPV 是把航拍機上的鏡頭轉到機手的觀察畫面上,讓機手能夠直接掌握航拍機前方的飛行狀況並同時錄製視頻。

購買航拍機除了飛航安全考慮之外，攝錄鏡頭就是其中一個重要考慮。一般較大眾化的感光元件是 1/2.3 吋，這個尺寸的感光元件在日間拍攝視頻是可以，但相片質素有限，難作登堂之作。目前開始流行 1 吋感光元件（畫圖）的航拍機。4/3 或以上感光元件則暫時只有在專業航拍機才配上。理論上，感光元件愈大，拍攝的影像質素會愈高。但同時亦會增加重量影響航拍機的續航力。

◎ 內置 5.8GHz 圖傳發射機的攝像頭（480p）。

「第一人稱視角」中有兩個主要問題，即實時監控和視頻錄製。視頻分辨率可以有不同的組合，成本也不同。高分辨率實時傳輸非常昂貴，自建成本約一萬港幣，包括數字視頻遠程傳輸和接收單元。普通模擬信號圖傳一般港幣 100 至 200 就可以了。

◎ 普通模擬信號圖傳發射機（港幣 100~200 元）。

◀ 普通模擬信號
圖傳接收機（港幣
100~200 元）。

　　一般的 FPV 都會有屏幕顯示（On Screen Display, OSD）附加了重要的飛行數據，如電量、定位衛星數量、訊號質素、飛行高度、速度、起飛點（home point）距離、位置等重要數據，同步投放到 FPV 畫面四邊，讓機手可以同時觀看到飛行前方的狀況和所有重要數據。

　　為了減少屏幕顯示器的反射光，通常在顯示器上安裝屏幕護罩。

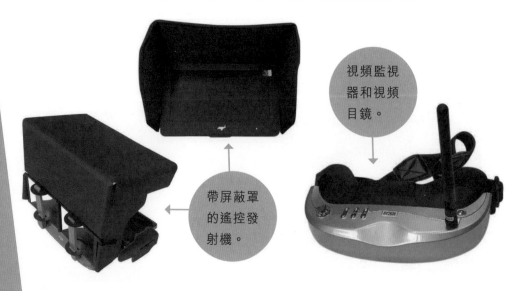

視頻監視
器和視頻
目鏡。

帶屏蔽罩
的遙控發
射機。

目前 FPV 有使用數碼訊號和類比訊號（模擬訊號）兩大主流。數碼訊號有絕佳的畫面影像，對飛行時辨認地貌和拍攝目標十分有用。但數碼訊號影像一般會比實時情況有些微的延後，對一些競速飛行比賽和關鍵性的航拍工作可能會有負面影響，特別是航拍機和拍攝主體十分之接近的拍攝工作。因此，在競速機比賽中，類比訊號 FPV 仍然是主流。類比影像訊號質量雖然較數碼影像訊號差，但沒有明顯的訊號延時而且較為便宜，較適合反應速度要求極高的競速飛行比賽上。

使用數傳系統進行遙測

數傳套件（Telemetry system）可讓用家在航拍機和計算機之間建立遙測連接，可以通過命令進行升級固件和配置。數傳系統旨在從飛控實時傳輸重要的技術信息，並在必要時將該信息記錄在日誌中以供進一步研究。

這些信息的組成取決於使用者的目的。在最簡單的情況下，當在短距離目視飛行時，為了控制飛行範圍和維持無線電信號（數據和視頻頻道）的電平，以免失去連接，僅需精確監視電池的電壓就足夠了。

在實踐中，遙測信息收集的範圍可以寬得多，主要受限於飛控的設備：

- 電池電壓；
- 電流消耗；
- 電池溫度；
- 飛行控制器工作模式；
- 飛行時間；
- 高度；

- 直線速度；

- 垂直加速度；

- 加速度計的指示（滾動）；

- 指南針指示；

- 電機轉速；

- 當前的 GPS 坐標；

- 可用衛星數；

- 與起點的距離和相對方向。

收集的數據具有不同的實用價值。例如，實時電機速度可以用於調試和調整。如果航拍機水平懸停時有一兩個電機負載在較高，可能意味着航拍機重心位置錯誤，不在航拍機中心。

通常，數傳系統由機載模塊和地面模塊組成。機載模塊處理來自飛行控制器的輸出數據，並將數據實時傳送到地面模塊。相反，地面模塊可以將命令發送至機載模塊，以修改飛行控制器的參數，例如更改自動駕駛的航點。

市場上有兩個主要的頻段模塊，即 433MHz 和 915MHz。在使用之前，用家必須檢查所在地區或國家的使用法規。

check it!

香港特別行政區政府通訊事務管理局辦公室。

check it!

香港頻率
劃分表。

▶ 機載和地面通用數傳模塊。

多軸相機平衡雲台

這是今天航拍機能夠拍攝到出人意表和震撼影像的重要零件。

早期的多軸相機平衡雲台（Gimbal）只有兩軸設計，缺點是不能夠穩定旋轉（Yaw）時的擾動。但現今一些航拍機會選用兩軸雲台，好處是可以讓相機拍攝到天頂的位置，對製作 360 相片或者建築檢查會有一定的好處。

高檔雲台內部有一個獨立 IMU 慣性測量單元來檢測航拍機的突然晃動或移動，通過控制各軸的無刷電機來抵消這些運動，當進行飛行攝影時，令影像變得穩定順暢。

三軸雲台多上了一軸，無論安裝在哪個位置都不能拍攝到天頂。

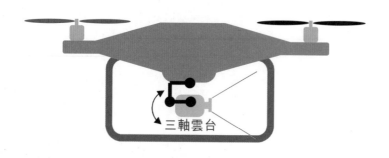

二軸雲台少了一軸，可以讓相機不被遮擋向上拍攝天頂。

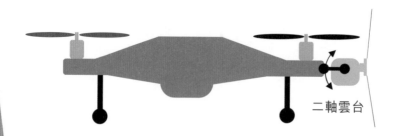

現今中高檔的航拍機多以三軸雲台為主。好處是無論航拍機如何飛行，都可以拍出穩定的影像，但缺點就是難以同時拍攝天頂和地面。購買雲台取決於軸的數量和有效載荷量，範圍從幾百到幾千，從可以攜帶 100 克左右的 Gopro 相機，到幾公斤級的數碼單反相機。

▲ 三軸雲台。

也有個別航拍機（例如 Parrot Bebop 2）不使用多軸雲台，改以電子硬件把攝影鏡頭的部分影像裁剪來造成穩定的影像。這個方法是可以節省雲台硬件的重量和額外耗電，但缺點是要犧牲拍攝的影像質素。

電池

目前航拍機都以鋰電池為主要動力來源。鋰電池重量輕，電能容量高，除了可以提供高能量輸出外，也沒有記憶效應。但缺點是如果短路，會釋放出大量熱能引致爆炸。所以無論使用哪種鋰電池，也要把鋰電池放在金屬防爆的容器內存放。

▲ 金屬防爆箱。

　　簡單的説，鋰電池的使用要點是不能讓它「吃太飽」和「餓過飢」，也盡量不能「吃得快」和「用得快」。即不能過充、過放電池和急充電、急放電。單節鋰電池單元的標準電壓是 3.7 伏特（V），如果是在儲存的情況之下應把電池充電或放電到 3.8V（電量約 38% 左右）。單節鋰電池單元的滿充電壓為 4.2V。除了高壓鋰電池（High Voltage Lithium Polymer, LiHV）外（可達 4.35V），千萬不要把鋰電池充電超過 4.2V，否則可能會爆炸。充滿了電的鋰電池應在一兩天內使用，否則電池可能會膨脹並且加速老化。此外，單節鋰電池單元也不應該使用到低過 3.3V 的電壓，也不應該使用多過 1C 的電流來充電（1C 是指如果把電池在 1 小時完全放電所產生的電流量）。簡單的説，如果剛把鋰電池用到接近無電（約 3.3V），把充電電流調較到約一小時把電池充滿就是最理想。例如，一個 1500mAh 的鋰電池應以 1.5 A（安培）的電流充電。如果正確使用，航拍機的鋰電池大約可以使用約一百次以上。

3 個電池單元（節）

▲ 圖中顯示了 1500mAh（毫安小時）的電池，具有 11.1 / 3.7 = 3 個電池單元，最大放電率為 85C（85 X 1.5 = 127.5A）。

　　航拍機所承載電池的容量決定了航拍機的飛行時間。電池的容量單位為毫安小時（mAh）。例如，一塊 2000 mAh 的電池意味着該電池在充滿電後，大約可以連續提供 2000 毫安的電流 1 小時。如果你需要計算航拍機的大概飛行時間，則應以電池容量（以 mAh 為單位）除以平均電流耗用率。

$$飛行時間（分鐘）= \frac{電池容量（安培小時）}{平均電流耗用率} \times 60$$

例如，一架尺寸為 250 的四軸航拍機，4 台電動機的平均耗電量為 30A，一次飛行安裝了 2200mAh 電池，平均電流消耗為 30A。

$$飛行時間（分鐘）= \frac{2.2}{30} \times 60 = 4.4 分鐘$$

電池的「放電額定值」稱為「C 級額定值」是電池可以安全提供最大電流量。公式如下所示：

$$最大電流量 = 電池容量 \times C 額定值$$

例如，四軸無人駕駛飛機大小為 250，4 台電機最大瞬時消耗 45A 電流，為飛行安裝了 2200mAh 電池，電池的最低 C 額定值應至少為 45 / 2.2 = 20.5C。如給 1.5 的安全系數，則應使用 2200mAh 放電率最少為 30C 電池。

除航拍機外，地面站的發射機還需要電池，稱為發射機電池，簡稱發射電。通用電池通常具有多個不同種類的接頭，以適應不同品牌的發射機，如下圖所示：

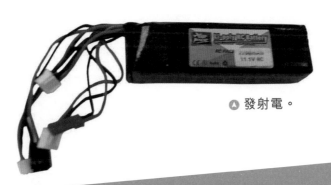

▲ 發射電。

對於多節鋰電池，應使用專業的電池充電器以確保不同電池的充電過程平衡，這稱為平衡充電。平衡充電器可以檢測每個電池單元的當前電壓並使它們保持平衡。普通充電器可能會給某些電池單元過度充電，儘管總體電壓是正確的。例如，整個電池雖然可以達到 12.6 的總電壓，而每節電池單元電壓的組合可能為 3.7 V + 4.5V + 4.4V。其中兩節電池單元過度充電，結果是，其中一節電池單元可能在操作航拍機飛行過程中過度放電而致死，並導致電池總電壓突然大幅度下降，導致飛控、BEC / UBEC 或 ESC 發生故障，並讓航拍機墜毀。

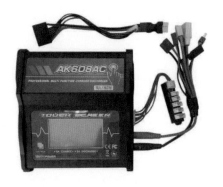

Ⓐ 單通道平衡充電器。

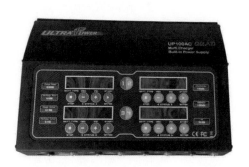

Ⓐ 多通道平衡充電器。

市場上有一些電池並聯充電板，可讓你將多個 Lipo 電池並聯充電，聲稱可以大大縮短整體電池充電的時間。唯筆者不建議使用這些並聯充電板：

- 首先，整體充電電流受充電器的限制。普通的充電器僅具有 60 至 80 瓦的功率。如果連接 6 個 2200mAh 3 節電池，則每個電池只能共享 10 瓦。一個電池的充電電流限制為 10 / 12.6 = 0.8 安培。給所有電池充電需要 2.2 / 0.8 = 2.75 小時，比 1C 的充電時間 1 小時要長得多。

- 其次，在將電池連接到並聯充電板上的過程中，電池的電源端子將直接彼此連接。這意味着如果兩個電池之間存在電壓偏差，則兩個電池之間會有電湧流。這將大大縮短兩個電池的壽命，因為此電湧流可能大大超過電池的充放電流限制。正如我們之前討論，對於普通的 Lipo 電池，充電電流應為 1C 或更低。

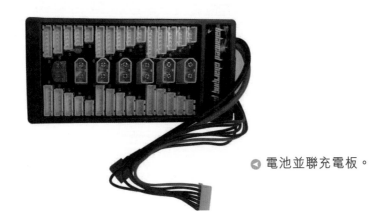

 電池並聯充電板。

如果鋰電池老化，有可能在很短的時間內由 100% 電量急速掉下來。筆者試過一次用上了一個壞電池，在飛行不足 2 分鐘之後，電量以 1 秒 1 個巴仙的速度下降，萬幸筆者一直有注意電量情況並及時把航拍機返航回來，否則航拍機就會在遠處墜毀。

一般的消費級航拍機都配備智能電池和智能充電器，用家只需要按指示充電和放電便可以，減少不少管理電池上的煩惱。

其實同樣的做法也應該應用到智能手機和手提電腦上，否則你的手機電腦電池也會很快老化壞掉。每一次把鋰電池用到 30% 以下都可能會對鋰電池造成損害，加快老化。

如天氣在零度以下切勿充電，如果氣溫下降二十度，鋰電池效能會下降達一成。到零下 20 度時電池就不能運作。鋰電池在低溫下性能下降是普遍通病。

注意電池安全

新加坡曾經有一名航拍愛好者因鋰電池充電失火導致兩人被燒死，因此處理鋰電池要相當小心絕對不能馬虎。

- 請勿過度充電或放電

- 鋰電池要存放在防火或防爆的器具內，鋰電池防火袋僅適用於有監察的短期儲存。

- 不可以在無人看管下充電或放電。並制定應急計劃和準備工具來應付電池在充電或飛行過程中着火的情況。

- 存放鋰電池環境溫度不能過熱、潮濕，無論存放或飛行，均應避免陽光直射。在航拍機上，保持電池不受陽光照射。電池過熱會令電壓可能突然下降，並導致航拍機故障。

- 小心其他金屬工具、零件接觸到電池接點

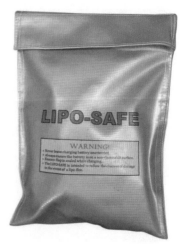

LIPO-SAFE

WARNING!

check it!

鋰電池防火袋的安全性。

鋰電池防火袋，但只能減慢火勢蔓延。

- 如果電池墜落、掉落或懷疑有損壞，建議將其隔離並報廢。撞擊後，即使鋰電池表面包裝上沒有損壞痕跡，內部也可能受到損壞，即使數十分鐘後也可能着火或爆，所以對於有撞擊而無傷痕的電池，應監視 1 到 2 個小時，確實無異樣才可考慮重複使用。

check it!

鋰電池意外。

- 舊鋰電池要完全放電才能夠掉棄

尾燈

　　消費級航拍機的尺寸約為 250 毫米。即使是專業級航拍機，尺寸也小於 1 米。當航拍機飛離超過 100 米時，其視覺尺寸僅為幾毫米，在視覺飛行中很難識別航拍機的頭部方向。此問題可以通過安裝尾部 LED 燈來解決，該 LED 燈可以讓你區分航拍機的頭部方向，在 50 米的日照下，LED 的功率至少應為 1 瓦左右，對於更長的距離，可能需要 1 瓦至 3 瓦。但使用者必須留意大功率 LED（大於 1 瓦）的散熱問題，如果散熱不足，溫升可能會超過攝氏 100 度，在這種情況下，可以安裝散熱器以提高冷卻速度。

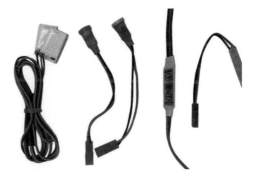

🔺 用於航拍機的 LED 模塊。

如果你要安裝多個 LED 燈，則可以參考下表中航空業的導航燈顏色通用慣例。

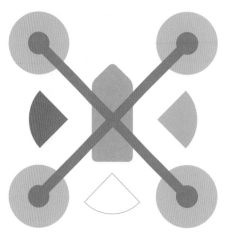

位置	顏色
左	紅色
右	綠色
尾	白色

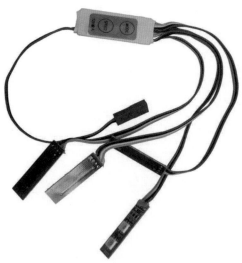

Ⓐ 帶閃爍控制器的多個 LED。

地面站軟件

對於具有高級功能（例如 FPV、自動駕駛等）的商用航拍機，產品通常會隨附一個地面站軟件或內置顯示遙控發射機。你可能需要將軟件安裝到帶有顯示屏的移動設備中，例如手機。地面站軟件可讓你通過攝像機監視飛行影像並設置航拍機飛行參數，例如地面站軟件 DJI Go 用於控制 DJI 航拍機產品，而 FreeFlight 則是用於控制 Parrot 航拍機產品。

對於自建航拍機用者，需要下載免費的開放源代碼的地面站軟件，並將其安裝到手提電腦上，作為航拍機的地面控制站（GCS），例如 Mission Planner 或 QGroundControl 就是用於 Pixhawk 飛控。它可以微調飛控的參數或設置自動駕駛的航點。使用合適的「比例 - 積分 - 微分（PID）」參數來設置航拍機是非常重要的，因為 PID 參數與飛行特性和穩定性具有密切關係。下表顯示了一些常見飛控和相對應的地面站軟件，自建航拍機的其中一個樂趣就是微調參數以實現穩定的飛行。

飛控	地面站軟件
Pixhawk, APM	MissionPlanner, QGroundControl
CC3D, SP3 Racing f3	Betaflight, CleanFlight

地面站軟件

🔺 MissionPlanner（左）　　　　　🔺 QGroundControl（右）

地面站軟件

⬢ BetaFlight（左）

⬢ CleanFlight（右）

自建航拍機案例

目標：建造以下航拍機

☐ 玻璃纖維框架（包括底架，鋁桿，M3 螺釘）

☐ Emax 1806 電動機 4 個（順時針和逆時針各一對）

☐ 5040 螺旋槳（順時針和逆時針各一對）

☐ Htirc DragonFly 12A 電調 4 個

☐ SPRacing F3 飛行控制器

☐ 配電板

☐ 接收器和電池警報

☐ 海綿起落架

☐ 電池

☐ 遙控發射機（WFly08x）+ 電池

☐ 紮線帶

☐ 魔術貼皮帶鉤環領帶

☐ 3M 黏扣帶

☐ LED 燈亮 / 條狀 + 控制器

☐ 尼龍螺絲和墊片

🔺 螺絲和螺母起子　　　　　🔺 電動手鑽和鑽頭

△ 數字天平

△ 刀具和剪刀

△ 電池測試儀

△ 連接器支架

△ 切割鉗和紮帶

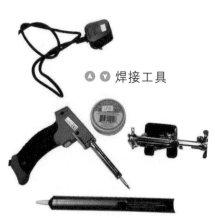

△▽ 焊接工具

△ 額定電流值不同的矽電纜

△ 其他工具

△ M3X6 內六角圓頭螺絲

▷ 海綿膠帶

由於大多數組件沒有焊接連接器，因此自構造航拍機需要大量的焊接工作。組裝前，必須將所有連接器焊接到特定組件，包括飛行控制器、配電板、電機、電調。

組裝程序 ▷ 將電機安裝在機身臂上 ——→ 組裝機架底盤 ——→ 安裝飛控和電調 ——→ 軟件設置和電機測試 ——→ 組裝其他組件 ——→ 試飛

第一步：將電機安裝在機臂上

第二步：組裝機架底盤

安裝配電板
到底盤底板。

組裝機架底盤面板,安裝鋁桿。

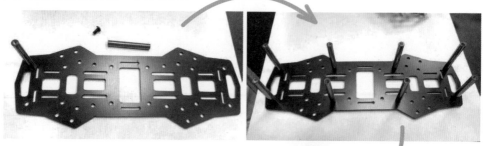

組裝底盤底板、底盤
面板和機臂。

第三步:安裝飛控和電調

用厚海綿膠帶將飛
行控制器固定在框架的
中央,這很重要,必須
位於框架的中央!!!

連接電調的數據
線到飛控，連接
電機和電調。

將電調的電源線連接到配電板上。

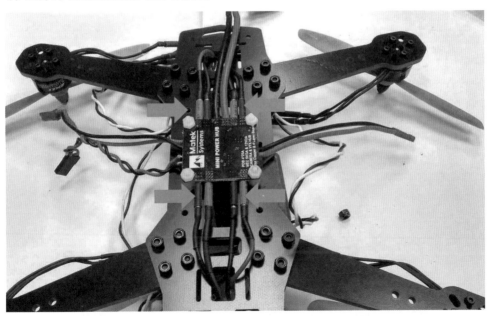

將飛控的電源線連接到配電板上。

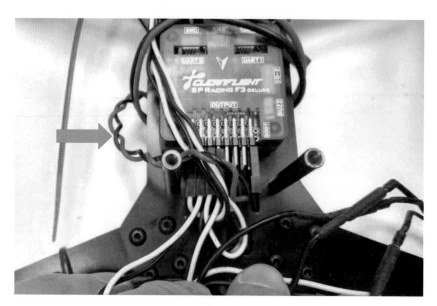

用紮線帶整理電線。

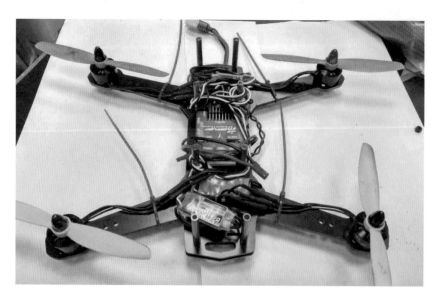

用電纜紮帶將接收機連接到基座上，確保對碼開關（Bind switch）未屏蔽，此開關將用於綁定接收機和發射機。

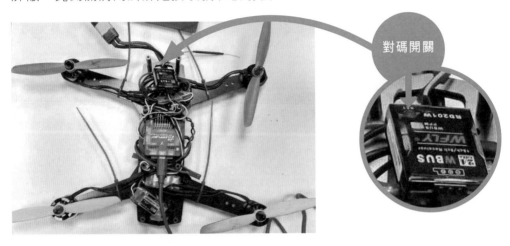

對碼開關

第四步：軟件設置和電機測試

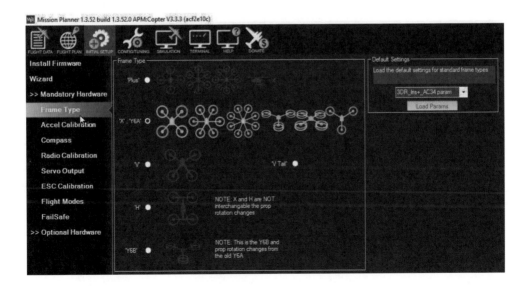

第五步：組裝其他組件

安裝 LED 尾燈。

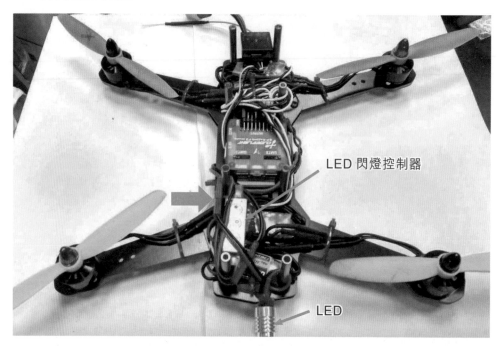

LED 閃燈控制器

LED

安裝頂部機身板。

FCC、CE 是甚麼？

FCC是美國聯邦通信委員會 "Federal Communications Commission" 的簡稱，負責規管美國的無線電頻譜使用。

CE 是指歐洲合格認證。

FCC 的發射功率比 CE 高，能讓航拍機飛行較遠的距離

IP67 是甚麼？

小量專業航拍機會有 IP67 認證。IP 是指 Ingress Protection Rating：第一個數值 6 是指最高的防塵等級，灰塵完全無法進入機體；第二個數值 7 是防液體滲透等級，7 是指物件能浸在水中最多 1 米達 30 分鐘。

第三章

基本練習

基本練習

選擇遙控模式（模式 1、2，Mode1、2）

目前世界上有四種航拍機及模型飛機遙控模式，分別是 Mode 1、Mode 2、Mode 3 和 Mode 4。當中主要是 Mode1（日本手，右邊油門）和 Mode 2（美國手，左邊油門）為主導，而航拍機市場則多以 Mode 2 為主（附圖）。

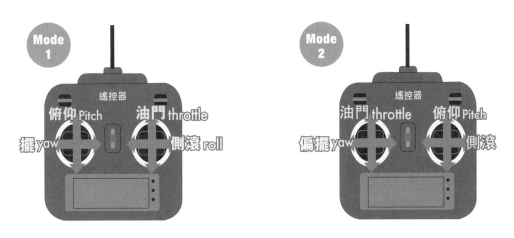

◬ 遙控模式 1、2 與航拍機的飛行動作

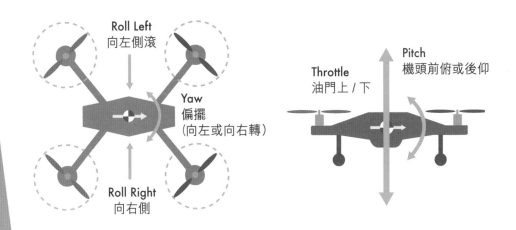

Mode 2 比較學習容易，右搖桿代表了航拍機的姿態。

- 當右手推動搖桿向前或向後時，航拍機將相應地往前傾或後仰，即向前或向後飛行，其移動的速度則取決於操縱桿的移動量。

- 當右手擺動搖桿向左或向右時，航拍機會相應地向左或向右滾動，即向左或向右移動，其移動的速度則取決於操縱桿的移動量。

所以當自動高度保持功能啟用時，左控制桿僅控制航拍機的頭部方向，理論上使用 Mode 2 模式的人只需要用右手就大致上可以操控航拍機進行基礎飛行，所以對於初學者來說，Mode 2 是一個較易的選擇。但是 Mode 2 的優點也同樣是其缺點，由於兩個主要飛行方向（前或後、左或右）的控制是由同一根控制桿處理的。對於初學者來說，如果手指的運動控制不夠精確，例如當他們用手指把控制桿推向前或後時，往往不自覺地同時向側面移動了。這意味着，當你只想要一個單獨的移動方向時，往往會同時向兩個方向移動。

而 Mode 1 同時使用左右兩隻手控制航拍機。由於兩個主要飛行方向（前或後、左或右）的控制由不同控制桿處理，動作清晰度會較高，而且同時運用左右腦，對操控細膩的動作可能會較為有利。但是 Mode 1 需要更長的學習時間去訓練左腦和右腦之間的協調性。

簡單地説，如果你追求快速的學習上手，Mode 2 會是一個較快捷的選擇。但如果長時間要使用航拍機作近距離精確的飛行操作，Mode 1 可能會較有優勢。

握遙控發射機的手法

基本上，有兩種手握遙控發射機的方法。分別如下：

只用大拇指移動控制桿

只用大拇指移動控制桿，移動範圍較大，但需要更長的訓練時間才能實現精細的手指控制。

用食指附助大拇指移動控制桿

用食指附助大拇指移動控制桿，移範動圍較小，因得到食指的幫助，易於實現精細的手指控制，但移動範圍較小。

為了幫助固定遙控發射機，也可以配用一根掛繩將遙控發射機掛在脖子上。

掛繩

▶ 遙控發射機掛繩

選擇遙控器或平板控制

　　一般平價的航拍機，多是使用智能電話或平板電腦操控。使用這個方式較為輕巧方便，但不能作複雜或者細膩的操控，只能作一些粗略的前後左右飛行控制。使用遙控發射器比較累贅，但能夠作快速敏捷的控制。所以專業的航拍機都會是使用遙控發射器來操控。

　　 ▶ 有些朋友為了增加手感和操控準確度，會使用「遊戲機」控制器取代平板電腦或手機。

　　也有一些玩家為了改善手感，會使用 Xbox One 一類能接上智能手機或平板電腦的手制，代替觸屏以改善航拍機的操控。這不失為一個折衷辦法。但 Xbox 一類的控制器未能如專業遙控器般提供一個高感應度的搖桿，也未能提供如 Dual Rate/ Exponential 等搖桿敏感度調節特殊功能，所以仍難做到多變微調且高準確度的遙控能力。

　　Dual Rate 和 Exp 可以修改航拍機對控制桿的反應曲線。Dual Rate 可以調整航拍機動作的最高和最低範圍，而 Exp 指數可以調整反應特徵。

例如，在下圖設置中，上下限為全範圍的 100%，在正常情況下，反應曲線是一條傾斜的直線，這意味着航拍機的動作幅度與操縱桿的移動幅度成正比，但這裏的反應線在中位附近較為平坦，左右邊緣區域較陡峭，所以航拍機對控制桿中位附近的區域反響應幅度會較少，遠離控制桿中位的區域則較大。在這種情況下，儘管初學者無法以較小的幅度移動手指，但他仍可以微調航拍機動作的幅度。

適量的 Dual Rate 調整可以令航拍機的反應先慢後快，能輕易做出微細的動作改變，對拍攝一些慢慢轉變的鏡頭十分有幫助。

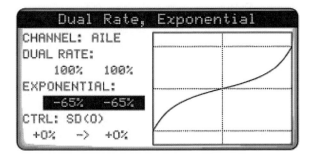

◀ 適量的 Dual Rate 和 Exponential 調整，可以更仔細控制航拍機的微細動作，有利細微的移動操作。

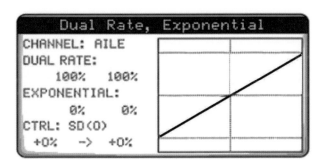

◀ 沒有 Dual rate 和 Exp 指數設置，控制桿的反應曲線為傾斜直線。這意味着航拍機的動作反應跟控制桿移動幅度成正比。

啟動航拍機的次序

一般情況下，應先啟動遙控器，然後啟動航拍機。當航拍機降落之後，應先切斷航拍機的電源，再關掉遙控器，否則可能會意外地讓航拍機的電機轉動造成意外。此外機手亦要熟讀說明書，了解航拍機的啟動和關閉電機轉動的方法，避免意外發生。以 DJI 為例，把遙控器的搖桿作內八字推就會啟動電機；持續把油門遙杆拉到底就會把電機停轉。

Ⓐ 不小心啟動航拍的電機，特別是接上螺旋槳的電機很容易造成意外。

對於自建航拍機用戶，請仔細閱讀操縱桿組合控製手冊。下面顯示了 pixhawk 的控制桿組合控件表。

功能	Throttle 油門控制	Yaw 偏航（向左或向右轉）	Pitch 機頭前傾或後仰	Roll 側滾
Pixhawk 操縱桿組合控製例子				
ARM 啟用	底位	高位	中位	中位
DISARM 停用	底位	底位	中位	中位
Profile1 資料 1	底位	底位	中位	底位
Profile2 資料 2	底位	底位	高位	中位
Profile3 資料 3	底位	底位	中位	高位
Calibrate Gyro 校準陀螺儀	底位	底位	底位	中位
Calibrate Acc 校準加速度計	高位	底位	底位	中位
Calibrate Mag/Compass 校準指南針	高位	高位	底位	中位

練習第三身操控

　　雖然不少的航拍機都標榜能夠自動飛行，但無論你是選購哪一款航拍機，當操作航拍機時，遇上雷暴的天氣、靠近強磁場、靠近大型金屬結構或位置傳感器故障等，都有可能令航拍機無法再以自動駕駛模式飛行，機手便需要使用自己的技術來控制航拍機返航或完成工作。所以不論如何，機手都應該先學習基本的第三身操控，以備不時之需。

　　第三身操控和第一身駕駛飛機的感覺飛行完全不一樣，沒有儀器數據，只能利用第三身視覺來判斷航拍機的狀況來飛行。

起飛前的簡單基本檢查

　　先放好航拍機在一個無磁場干擾的平面，機手面對航拍機的後面。啟動 GPS 模式，然後待航拍機自我檢查完成，GPS 取得坐標數據後讓航拍機解鎖，這時四個旋槳會開始轉動。

　　這時千萬不要立即讓航拍機起飛，應該看一看和聽一聽航拍機四個電機的狀態，看看有沒有其中一個電機的轉速較慢，機身有沒有震盪或者怪聲。如果有這些情況，代表其中一個電機可能故障或老化、旋翼損耗，或者電機內有異物，應立即停機檢查。同樣地，當航拍機降落停機時有一個電機停得比其他的電機較快，也代表這一個電機可能故障需要檢查或更換。

如果一切順暢，先輕微加一點油門，讓電機轉速稍為加快，但不要讓航拍機起飛。這樣做可以測試旋槳有沒有安裝穩妥，避免起飛之後「射槳」飛脫。過往有不少航拍機在起飛之後發生螺旋槳飛脫的意外，就是因為沒有好好檢查而造成。這些起飛前的測試檢查能有效減低意外發生的機會。

先進的飛控有許多可用的飛行模式。但是一般的飛行操作主要有三種飛行模式，包括手動模式、GPS 衛星定位模式和姿態模式。對於初學者來說，所有培訓都應在 GPS 模式下進行。熟悉基本技術後，機手可以轉向姿態模式。除非閣下已經是老練機手，否則不建議使用手動模式或運動模式（Sport Mode）飛行。

練習環境和模式設定

在天氣晴朗下，先找一個無強風，30 米內無其他人的開闊平坦地方練習，把航拍機設定為衛星定位模式。如果有風，航拍機的機頭應該盡可能迎風，以減少風對航拍機的側向影響。一般來說，人類對前方的可視範圍比側方大，這樣可以減少頭部轉動。飛行員（機手）在航拍機的尾方面向航拍機的尾部，你與航拍機之間的距離至少應為 4 至 5 米，讓你至少有 4 至 5 秒的時間來反應任何緊急情況。除非另有說明，否則航拍機的飛行速度應保持在每秒 1 米以下。

機頭方向故定		機頭方向變動	
1	正向空中懸停 （油門控制練習）	6	3 點鐘、6 點鐘、9 點鐘空中懸停和 360 旋轉（偏航 yaw 控制）
2	左右移動 （滾動 Roll 控制）	7	停頓並轉變機頭方向作四角移動
3	前後移動 （俯仰 Pitch 控制）	8	不停頓並轉變機頭方向作四角移動
		9	順時針 / 逆時針圓形飛行
4	四角移動 （滾動加俯仰 控制）	10	8 字飛行
		11	8 字飛行並同時改變飛行高度
5	對角線線移動 （滾動 加 俯仰 同時控制）	12	3 點鐘方向 45 度降落 / 空中畫倒三 角形
		13	興 趣 點 環 繞（Point of Interest, POI）飛行練習

◐ 最好先找一個空曠人少的
地方進行練習，航拍機頭和
機手同樣是迎風方向。

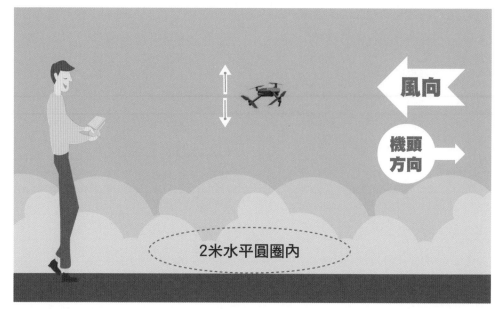

風向

機頭方向

2米水平圓圈內

▼ 正向空中懸停

動作 1

正向空中懸停（油門控制練習）

　　這是第一個必做的動作。先加油把航拍機升離地面約三、四個機身的高度，然後控制航拍機懸停空中。穩定後可以嘗試改變到較高的高度，然後再慢慢降落原地。之後反覆練習在不同的高度懸停，然後慢慢降落原地。之後反覆練習在不同的高度懸停，然後慢慢降落原地。在整個過程中，航拍機的起飛速度應保持在每秒 0.5 米以下。對於着陸，請嘗試使航拍機下降速度低於每秒 0.2 米並實現軟着陸。

　　處理這個動作要留意當航拍機和地面相當接近的時候，大約是一個機身的高度，航拍機會同時受下沖氣流（Downwash）和地面效應（Ground Effect）的影響，這樣會令航拍機較難操控。由於航拍機不似旋翼直升

機能改變螺旋槳的攻角，所以一般做法是盡量避免在這個高度飛行，早點收細油門讓航拍機「沉」下去降落點或者爬升到更高高度達致穩定。

一些較專業的航拍機有多種定點穩定系統，所以這個高度的操控練習不會太困難。但如果是一些較簡單的航拍機，機手需要同時控制 Roll 和 Pitch 以防止航拍機偏離原來位置。

動作 2

左右移動（滾動 Roll 控制）

當對高度控制有了相當信心之後，就可以開始滾動的控制練習。一般會先定一個空間，慢慢控制航拍機左右滾動和反覆來回原點。練習的關鍵是心目中想航拍機在哪個位置停留，動作上就要配合做到在這個位置停頓。

△ 左右移動

◐ 前後移動

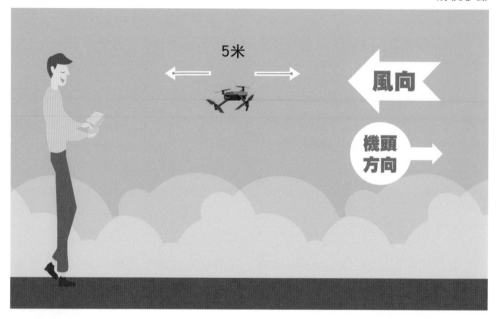

5米

風向

機頭
方向

動作 3

前後移動（俯仰 Pitch 控制）

　　同樣地，當左右滾動有了信心之後，就可以開好進行前後俯仰的練習，前後俯仰保持在 5 米以內，飛行速度不要超過每秒 1 米（約步行速度）。

四角移動（滾動加俯仰控制）

　　心中可以假設有一個正方形，長度大約是 10 米乘 10 米。先練習航拍機由 A 點到 B 點、B 點到 C 點、C 點到 D 點，然後 D 點回到 A 點，始終保持航拍機頭部指向 12 點，飛行速度不超過每秒 1 米。反覆練習完成之後，再逆轉方向練習。

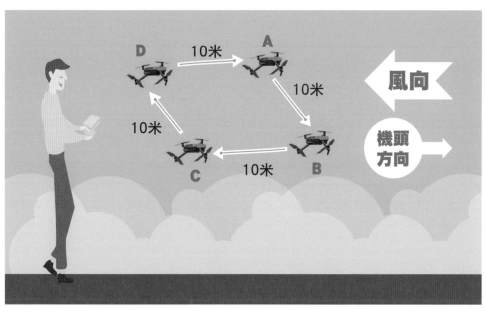

◉ 四角移動

▼ 對角線移動

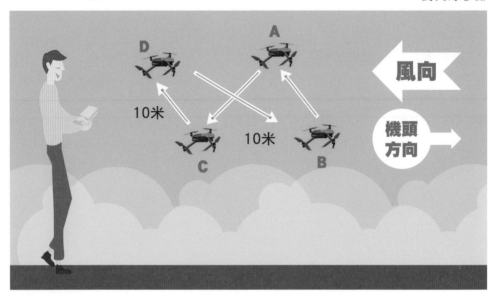

動作 5

對角線移動（滾動加俯仰同時控制）

　　這個動作訓練機手同時處理 Pitch 和 Roll。心中繼續假設有一個正方形，大約是 10 米乘 10 米的距離。先練習航拍機由 A 點到 C 點、C 點到 A 點，平移航拍機到 B 點，然後 B 點到 D 點，然後 D 點回到 B 點，飛行速度不超過每秒 1 米。反覆練習完成之後，再逆轉方向練習。

動作 6

3 點、6 點、9 點空中懸停和 360 旋轉（偏航 Yaw 控制）

　　使用 yaw 的搖桿控制航拍機順時針和逆時針自轉，當航拍機機頭指向 3 點鐘、6 點鐘和 9 點鐘的方向時，讓航拍機懸停 5 秒鐘，過程不讓航拍機飛離 2 米的水平圓圈。

最後，讓航拍機連續旋轉 360 度，目標以不少於 4 秒完成，過程不讓航拍機飛離 2 米的水平圓圈。可以先練習順時針轉，當控制穩妥的時候再做逆時針的練習。

表面上這個動作只運用 Yaw 來進行，但這個動作對沒有定位鎖定的航拍機會是相當困難，特別是當有風的時候。因為航拍機在不同的方向時會面對不同相對位置的的風，機手需要同時靈活運用 Roll 和 Pitch 來修正航拍機來迎風以避免被吹走維持原位。

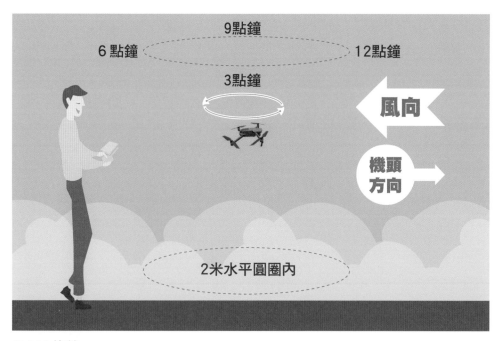

△ 360 旋轉

● 停頓並轉變機頭方向作四角移動

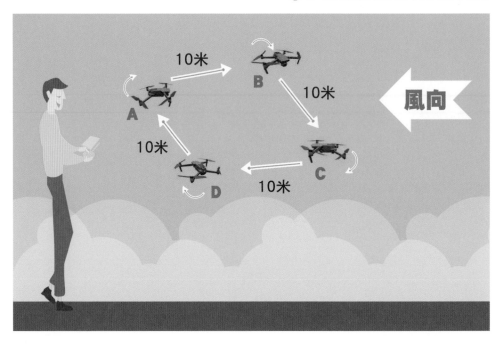

動作 7

停頓並轉變機頭方向作四角移動

　　當以上的動作都做得有信心，就可以練習航拍機轉變機頭方向飛行。首先把航拍機機頭轉向 9 點鐘，飛到 A 點；然後停下來把機頭轉向 90 度到 12 點鐘方向，再飛去 B 點。到 B 點後把航拍機停下來再轉向 90 度到 3 點鐘，然後飛去 C 點。到 C 點後停下來再轉向 90 度到 6 點鐘，然後飛去 D 點。到 D 點後停下來再轉向 90 度到 9 點鐘，然後飛去 A 點完成一個循環。反覆練習順暢後，再改以逆時針圈練習。

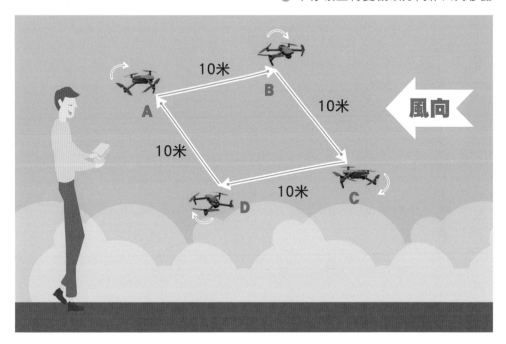

動作 8

不停頓並轉變機頭方向作四角移動

當做好了動作 7 之後，就可以練習不停頓的做法，即航拍機飛到每一個航點時都不停下來轉向，而是保持速度即時轉向然後飛去下一個航點。但必須留意航拍機要保持低速飛行，因為如果航拍機速度較高時，單單使用 Yaw 是不可以改變航拍機的航向，需要補上適量的 Roll 才能夠做到轉向的動作，否則航拍機就會飄移。當以上動作都做得有信心後，就可以改為逆時圈針練習。

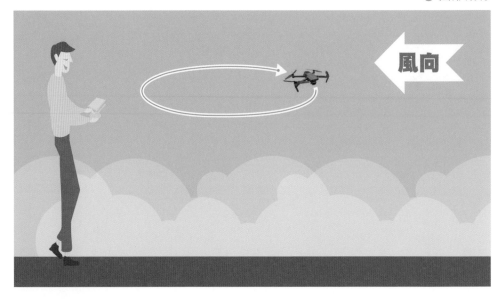
Ⓐ 圓形飛行

風向

動作 9：

順時針 / 逆時針圓形飛行

　　當做好動作 8 後，就可以開始慢速的圓形飛行練習，航拍機頭部應沿路徑指向前方。把航拍機飛到 A 點和 B 點的中間，然後輕微把航拍機向前（Pitch down）移動，再同時補上 Yaw 順時針轉向，讓航拍機轉向圓形飛行。如果飛行速度較高，就會發現航拍機只有機頭方向轉向，但實際上機身的航跡沒有轉向，這時就必須要補上適量的 Roll 加以補償改變飛行方向。當以上動作都做得有信心，就可以改為逆時針練習。

　　圓形飛行練習的重點除了是 Roll 的補償動作外，還要留意風向對飛行造成的影響。因為航拍機飛得相對較慢，即使較微弱的風力都會對飛行造成明顯的影響。舉例說，如果一架航拍機以空速速度 4 米 / 秒（14.4 公

里 / 小時）飛行。當航拍機遇上 2 米 / 秒的微風時，順風飛行的地面速度就會是 4+2 或 6 米 / 秒的速度；逆風飛行時地面速度就會是 4-2 或 2 米 / 秒的速度，造成順風和逆風飛行時最高和最低的地面速度會有 2 倍速度上的分別。如果不做補償，航拍機的圓形飛行軌跡就會不停改變圓心。

因此，要做到一個順滑的圓形飛行，機手必須要適時配合風向轉向。簡單地說，就是在逆風時保持較長的前向飛行時間以抵消順風時的高速。機手可以在心中打數，如果風速愈高，逆風飛行的時間則要愈長才能抵消偏移。

能夠做到圓形飛行動作對航拍機操作十分重要。當航拍機在遠處失去了圖傳畫面，機手可以即時以圓形飛行讓自己重新掌握飛機的方向以便把航拍機飛回起飛點。這個是處理救機的關鍵動作，機手不妨要多加練習。

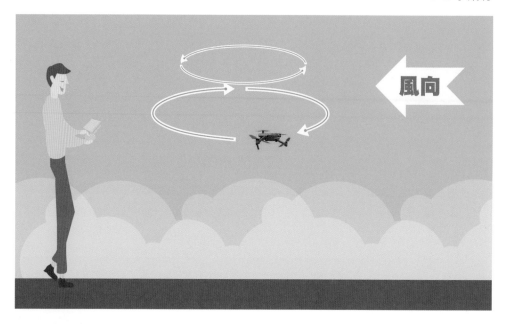

☑ 8 字飛行

風向

動作 10

8 字飛行

　　這是圓形飛行動作的升華版動作，要連續地反覆進行順時針圈和逆時針圈的飛行動作，當中涉及更準確的補償動作和延時協調。

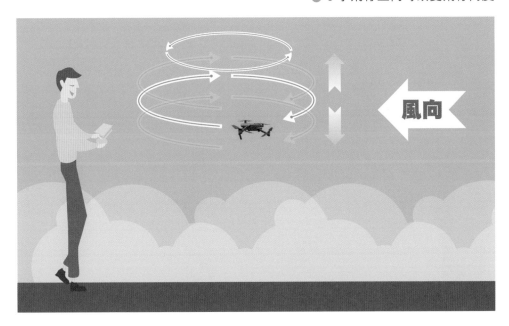

風向

動作 11

8 字飛行並同時改變飛行高度

　　當完全掌握好動作 10 之後，就可以作飛行中改變高度的練習。由於航拍機在前向飛行時會產生額外的升力（Translational Lift），所以相比靜止懸停飛行時，更改油門對高度不會有即時的改變，會略為延後。

▼ 空中畫倒三角形

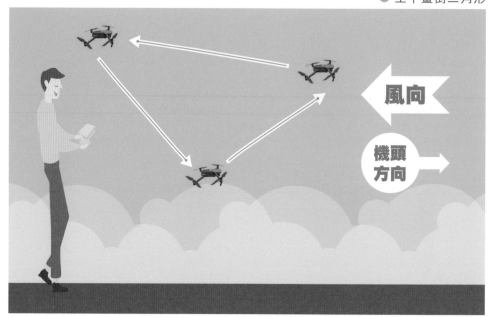

風向

機頭
方向

▼ 空中畫正方形

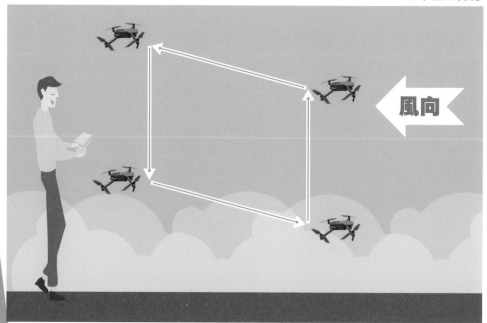

風向

動作 12

3 點鐘方向 45 度降落 / 空中畫倒三角形

這個動作主要是加強油門和 Pitch 的協調。動作如圖所示，機手要控制油門和 Pitch 的配合，才能夠把航拍機在天空上畫出一個正方形，過程中保持機頭 3 點鐘方向。當技術純熟之後可以練習畫正三角形或倒三角形。到熟練之後可以嘗試用 45 度的方式把航拍機降落地面之上。

動作 13

興趣點環繞（Point of Interest, POI）飛行練習

簡單地說，這個動作就是側飛（Roll）時同時改變機頭方向（Yaw）。對於一些專業的航拍機已經內置了這個功能，機手只需左右前後移動，航拍機就會自動圍繞興趣目標環繞飛行。

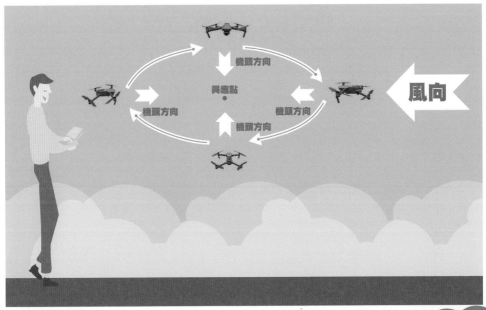

🔺 興趣點環繞

姿態模式練習

當大家能夠掌握這些基本動作之後，就可以改用姿態模式（Attitude Mode, ATTi Mode，即無 GPS 的自穩模式）重新練習以上的動作。這樣當航拍機飛行時失去衛星定位訊號，機手都有能力改用姿態模式把航拍機飛回起飛點。可惜現在部分航拍機已經不設這個功能的選項，只有當失去 GNSS 或 GPS 訊號時，才會自動轉為姿態模式飛行，無法預先進行練習。

雖然只是沒有了定位功能，但航拍機的表現將會完全不一樣。這時機手會發覺要把航拍機穩定下來是有一定難度。航拍機會被風吹動，如果沒有作出即時修正，航拍機就會超出視線範圍甚至遙控範圍而失控。一些連定高功能都沒有的航拍機在操控上會更加困難。

上下和左右移動的加速

當關閉了定位功能後，機手會發覺航拍機修正位置後很難停下來，我們稱之為「濕水欖核」，航拍機總是大幅向左修正了又大幅向右。首先我們必須要明白牛頓第一運動定律：

在物體不受外力下，則靜者恆靜，動者恆動

一架沒有定位功能協助穩定的航拍機，當持續給予一個移動的指令時，航拍機會不停地加速，而不是穩速移動。所以當要航拍機穩定地向一個方向移動，除了給予起動時的加速力之外，之後就應該要收力，否則航拍機只會愈飛愈快。

同樣上升或下降時，只需要先加上或減少一點油門，然後就可以回復原來的油門，才可以做到穩定的上升或下降，除非該款航拍機有高度穩定的補償。

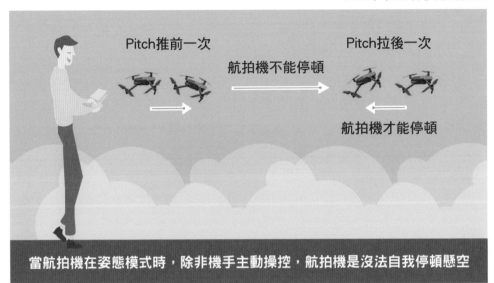

● 上下和左右移動的加速

Pitch推前一次　　　　　　　　Pitch拉後一次

航拍機不能停頓　　　　　　　　航拍機才能停頓

當航拍機在姿態模式時，除非機手主動操控，航拍機是沒法自我停頓懸空

額外升力

　　當航拍機懸停飛行時，會感受到湍流和旋渦，部分本應向下推的氣流會變成水平，減少了上推力。但當航拍機穩定地向一個方向高速飛行時，氣流會變順而提升旋翼葉片的效率。因而獲得一個額外的升力（平移升力 Translational Lift）。因此在較高速度飛行時，有機會比靜止懸停時慳電。

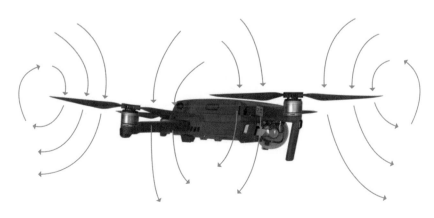

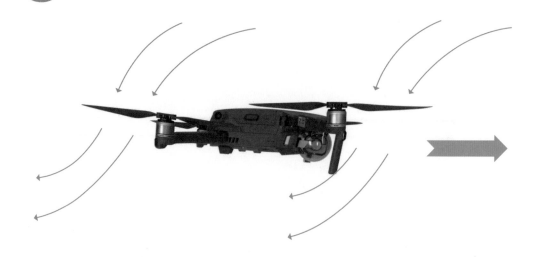

此外，當航拍機穩定地向一個方向飛行時，是會獲得一個額外的升力（平移升力 Translational lift）。因此在較高速度飛行時，會比靜止懸停時慳電。

額外阻力

但當航拍機以非常高速飛行時，由於機身風阻相對變得較大，所以又會變得額外耗電。一般來說，每增加一倍的速度，阻力會是平方遞增。所以，每一款的航拍機都會有一個最佳效能的飛行速度，一般會視為巡航速度。

此外，不少專業人士會利用航拍機作建築物檢查的用途。但千萬不要太接近天花或橋樑的底部，最少要保持兩個機身的距離。當航拍機飛近天花板時，天花板下方的空氣通過航拍機螺旋槳向下流動，側面空氣流入。根據空氣動力學原理 Bernoulli's law 伯努利定律，快速移動的空氣的壓力低於慢速移動的空氣，因此航拍機和天花板之間會形成低壓區，航拍機隨時會被低壓區吸向牆身、天花或橋底然後撞毀。

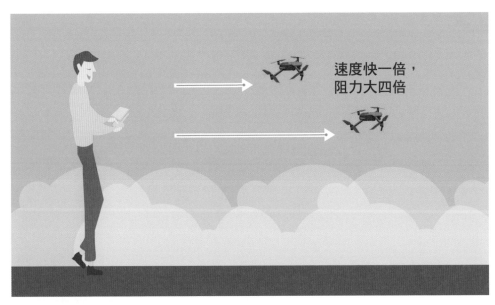

△ 額外阻力

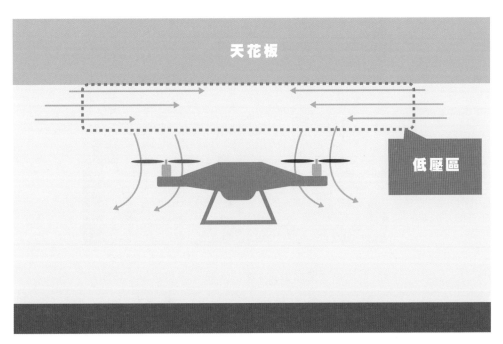

△ 當航拍機飛近天花板時所產生的低壓區

練習第一人稱操控

當機手對第三身飛行已經有一定的信心，也是時候可以練習第一身飛行，或稱 First Personal View（FPV）飛行。FPV 飛行主要是透過航拍機的相機鏡頭，利用圖傳（Video Transmission）將影像傳送到地面站（Ground Station）或手機上。除了穿越機種外，大部分的圖傳都會附上飛行數據資料（On Screen Display, OSD），讓機手能夠掌握航拍機的飛行狀況，如電量、高度、速度、距離、衛星數量等重要資料。

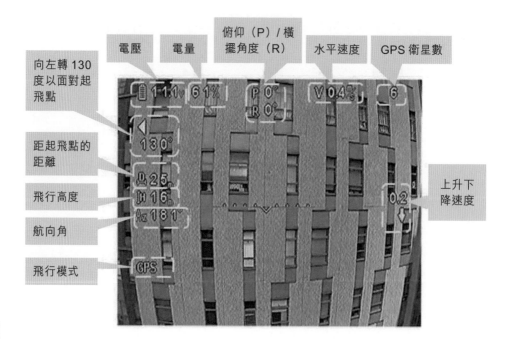

◎ 不論是哪種設計的 OSD 佈局，機手都要定時順時針或逆時針觀察所有飛行數據是否正常。

機手要習慣不停檢視 FPV 上的重要數據以防突發的意外發生。每分鐘最好檢視最少兩次，讓機手有足夠時間應付最差的情況，例如電池故障失去電力，又或者衛星接收出現問題。

第一身飛行並不困難。機手只要習慣不時順序觀察飛行數據，掌握航拍機和機手之間的距離，航拍機的電量、高度、速度等資料就可以。機手要留意圖傳會有少許時間延後，也要不時留意地平線應有的相對位置。由於現代的航拍機有穩定雲台或畫面穩定的功能，提供十分穩定的飛行畫面，因此往往讓機手忽略了航拍機的實際飛行狀態，即使航拍機在強風或亂流中左搖右擺，機手都不易察覺問題，所以，機手要不時留意着水平儀的數值變化，最好每分鐘觀察兩次以上。

利用第一身飛行模式來重覆第三身飛行的動作並在離地約 10 到 20 米練習。機手要着重畫面上四周物件改變，改以 bird view 的觀點來掌握每個飛行動作所帶來的畫面變化，最好每分鐘觀察兩次以上。

FPV 控制的主要事故原因是在操作過程中忽視環境的變化。 作為第一身機手，只能看到航拍機前向畫面，對航拍機的後面無法觀察， 當航拍機向後仰飛時，可能會撞到障礙物而墜毀。 因此，FPV 機手在操作中應該有一位同伴協助，讓夥伴作為航拍機的第三人身視角，為機手提供有關環境變化的必要信息。

　　　機手要慢慢習慣利用 FPV 來掌握航拍機和地面之間的空間關係，特別是由於使用了廣角鏡頭，看似遠處的物體可以突發很快接近航拍機。

🔺 廣角鏡和眼睛的透視率並不相同，當低飛時看似很遠的景物可以突然變大並意外地撞上。

第四章

飛行計劃

飛行計劃

無論你打算在任何時間、地點使用航拍機，除了注意安全及依從民航處指引外，都必須要掌握天氣和該區的航空情況。並且確定航拍機的機件狀況是正常，才可以飛放航拍機。

天氣預測

天氣是航拍機能否順利安全完成飛行的重要因素。一般消費級的航拍機都是在對流層飛行。由於一般小型航拍機只有約時速 40 公里的最高飛行速度，當飛行時遇上強烈陣風（時速 50 公里以上）或遇上突如其來的驟雨會十分危險。只要電子裝置受潮或電池短路，航拍機就會失控或立即斷電掉落地面。

香港天文台網頁（www.hko.gov.hk）提供了不少分區氣象資訊，特別是分區的風向風速資訊，和天氣雷達圖像都對航拍機的飛行安全特別有用。但可惜目前天文台未能提供每小時的天氣變化預測，因此機手也可以安裝手機程式如 UAV Forecast、Windyguru、Windy Apps 等掌握更仔細的天氣預測資訊。這些 Apps 都會提供未來 24 小時每小時不同位置的天氣預測，對航拍安全十分有用。如有需要還可以付費使用 7 日預測的版本。

check it!

UAV Forecast
(Apple Store)

check it!

UAV Forecast
(Android Play)

使用 UAV Forecast 需要因應航拍機的性能來預設閾值設置（Threshold），來判斷天氣是否合適飛放航拍機。

1. 最大風速

這個閾值要視乎你所使用的航拍機速度性能來決定，一般設定是航拍機最高速度的 70%。如果你的航拍機最高速度是時速 46 公里（13 米 / 秒），最高風速就是時速 32 公里（9 米 / 秒）。

2. 風高（在特定高度的風速）

在對流層（一般在十公里高度以下），一般的風速是離地面愈高風就愈大，所以我們不能單以地面的風速作為航拍機飛行的安全指標。如果你打算在 80 米飛行，就要留意 80 米高度的風速預測。

🅐 除風速外，還要考慮陣風的影響和威脅。

3. 最低溫度 / 最高溫度

考慮鋰電池的性能和電子零件的特性，一般會設定在 0 度和 35 度之間。

4. 最大降雨概率

一般設定在 30% 左右，當區已經有很大機會落雨或者快將下雨。

5. 最大天空覆蓋

如果雲霧的覆蓋大，除了增加下雨的機會、影響航拍影片或相片的質素外，航拍機也有可能飛進雲霧裏迷失方向，一般會設定在 40% 以下。

6. 最低可見度

能見度影響機手能否觀察到附近有沒有其他的飛行物，例如小型飛機、直升機、滑翔傘、雀鳥等，通常會設定為 5 公里左右。

7. 最低 GPS 衛星

理論上最少要有四顆衛星的訊號，才能夠提供 XYZ 三維定位。但考慮定位誤差和安全考慮，一般設定為 7 粒或以上。如果預計少過 7 粒 GPS 衛星的訊號可用，會顯示為不宜飛行。

8.GPS 海拔截止高度

一般會設定為 15 度。當衛星的位置離地平線太接近，訊號會受大氣折射並產生較大的距離誤差，測量界一般都不會採用 15 度以下的衛星用作位置計算用途。設定這個數值會把 15 度以下的衛星不算入最低衛星數以內。

9. 包括 GLONASS 衛星 /Galileo 衛星

近幾年來，航拍機已經由採用 Global Positioning System（GPS）全球定位系統導航，改為使用更廣泛的 Global Navigation Satellite System（GNSS）全球導航系統。GNSS 接收器能同時接收不同國家的衛星定位系統訊號，包括美國的 GPS、俄羅斯的 GLONASS，甚至中國的北斗和

歐盟的 Galileo 衛星定位系統，以加強定位的能力和改善定位精確度。開啟這個閾值可以同樣地排除統計 GLONASS 和 Galileo 在水平面 15 度以下的衛星數量。

10. 最低估計衛星

跟「最低 GPS 衛星」一樣，不過包括了其他國家的定位衛星系統的衛星。一般會設定在 12 以上。

11. 最大 Kp-

Kp- 指標以 0-9 的整數表達地球磁場的水平分量變動，描述每 3 小時內的地磁擾動強度的指數。數值由 0 到 9 共分 10 級，數字愈大表示地磁擾動愈強。一般設定值為 5。當數值超過 5 的時候，可能會影響航拍機的導航。太陽風暴和太陽黑子活躍程度也對這個數值有直接影響。

香港空域

國際民航組織（International Civil Aviation Organization, ICAO）把空域（Air Space）劃分為 A 到 G 類別。而香港的飛行情報區（Flight Information Region, FIR）的空域是由 A 類空域（Class A）、C 類空域（Class C）和 G 類空域（Class G）所組成。

Class A 和 Class C 屬於管制空域（Controlled Airspace），所有飛行必須依從空中交通管制中心指示，確保飛行器與飛行器之間保持一定的間距（Separation）。Class G 空域屬於非管制空域（Uncontrolled

Airspace），相比起管制空域，飛行管制上相對寬鬆，不受航空交通管制中心指示飛行，但飛行安全需由機師本人負責，遵守基本的飛行守則飛行和確保與其他飛行器和障礙物保持一定的間距。

管制空域 Controlled Airspace	非管制空域 Uncontrolled Airspace
Class A,B,C,D,E	Class F,G

Ⓐ 兩大空域：管制空域和非管制空域

香港飛行情報區範圍所佔面積相當大，而對航拍機來講只涉及香港本地範圍。基本上香港所有地區在海面高度（Above Mean Sea Level, AMSL）2,000 呎或 3,000 呎以上都是 A 類空域和 C 類空域。而航拍機的飛行空間，主要在地平面（Above Ground Level, AGL）300 呎以下的非管制空域。

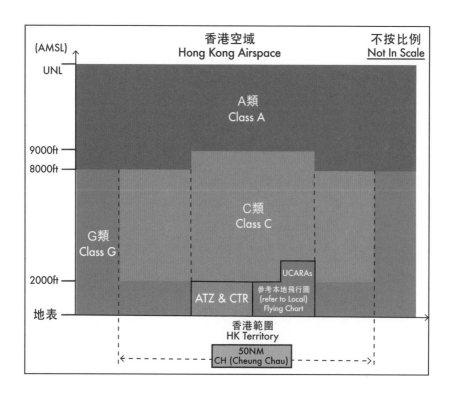

經常要使用航拍機工作的朋友，或者希望詳細了解香港的主要空域空中交通情況，不妨到地政總署購買一張香港直升機飛行圖（HM50HFC）或香港本地飛行圖（HM100LFC）以作參考。

香港空域的主要機場和直升機機場

香港主要有香港國際機場、石崗機場、中環信德直升機場、灣仔的香港會展直升機坪（HK07）和位於石崗的直升機服務（香港）有限公司（Heliservices）之營運基地。

在任何情況下，都不應該讓航拍機飛近這些範圍。一般來說，機場的5公里範圍是航拍機的飛行禁區。至於黃金海岸一帶、北大嶼山海岸附近都是機場民航機離場或進場路線，都不宜航拍機飛行。當然，如果有工作需要，是可以向民航處申請特別安排的。

除了這些主要機場和直升機機場外，香港還有不少直升機升降點有較多直升機升降需要，請大家倍加留意：

	用途
長洲 CC04	接送傷病者
坪洲 HK01	接送傷病者
南丫島榕樹灣 HK02	接送傷病者
東區醫院天台 HK24	緊急運送危殆傷病者
西貢萬宜水庫西壩 SP04	
塔門 SP09	
西貢大浪西灣 SP10（山竹風災後受損壞）	
船灣淡水湖主壩 PC01	
半島酒店天台 Peninsula（Heliservices 使用）	

此外，特別是星期六和星期日，不少小型飛機和直升機會使用石崗觀音山北面的山拗位置（Kadoorie Gap）進出石崗機場。而伯公坳、銀鑛灣、五桂山、沙田拗和鯉魚門海峽附近都是熱門直升機航道。

遙控飛機的空域

香港有不少地方都有模型飛機的飛行活動，在這些區域飛行航拍機有可能會受到電波干擾或遇上空中相撞的意外。

1. 南生圍

雖然南生圍位於石崗機場的航道內，但差不多只要不是下雨天，都會有人在這裏操控模型飛機，特別是電動直升機。

2. 大樹下香港機械模型會模型飛機場

這是香港唯一獲豁免可以飛放超過 7 公斤模型飛機的場地。只要沒有下雨，差不多每天都有人操控渦輪噴氣引擎的模型飛機飛行。

3. 橫洲

星期六和星期日都會有不少模型飛機愛好者到此飛行。

4. 恐龍坑

基本上每天都會有模型飛機飛行。

5. 將軍澳第二及三期堆填區

這裏設有模型飛機的跑道用作飛行訓練。

6. 下城門水塘主壩

此外，以下地點是主要滑翔模型飛機的飛行場地

- 清水灣 - 東風
- 大老山 - 東風 / 南風
- 石澳龍脊 - 東風
- 馬鞍山大金鐘 - 東風

滑翔傘飛行的空域

香港有七個主要的滑翔傘飛行區。但滑翔傘具備越野飛行的能力，不時也會有滑翔傘高手飛到香港不同的角落，所以各位機手亦要留意。

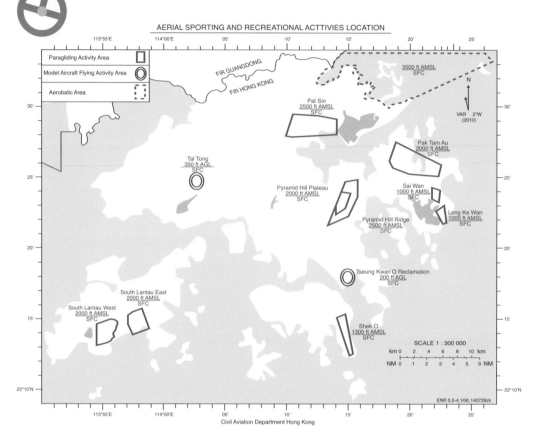

AERIAL SPORTING AND RECREATIONAL ACTTIVIES LOCATION

● 香港航空運動及娛樂活動位置圖（民航處 HKAIP ENR 5.5-4）

東風場地

西貢浪茄

　　這個飛行場只能夠容納兩、三隻滑翔傘在東風時飛行，是一個初學者的練習場，滑翔傘起飛後會在浪茄沙灘降落。

西貢西灣

　　這個東風場地由於交通不便和狹小，已經多年不見有人在這裏飛行滑翔傘。

石澳龍脊

這個場地除了有模型滑翔機外，在東風時也會有多隻滑翔傘飛行。滑翔傘會來回往返鶴咀山和龍脊飛行，最後在石澳後灘降落。近年也有人在西風時在龍脊的西面飛行滑翔傘，在土地灣那邊降落。

馬鞍山大金鐘

同樣地，這個場地除了有模型滑翔機外，在東風時也會有多隻滑翔傘飛行。在天氣合適的時候，隨時有二十多隻滑翔傘同時在天上展翅。滑翔傘一般會在山上原地降落，或者在西貢沙角尾降落。但個別「高手」可能會飛到井頭村，甚至更遠的地方降落。

南風場地

大嶼山大東山 / 鳳凰山

這兩個場地基本上只有在夏季吹南風的時候才會有滑翔傘飛行，滑翔傘會在長沙沙灘或貝澳沙灘降落。

九龍坑山

同樣是南風場地，但近年由於城市發展，在附近已經沒有合適的場地可供降落。

北風場地

西貢牛耳石山是香港僅有的北風場地，只有冬季時才有人在這區飛行滑翔傘，一般會在高塘下洋附近降落。

雀鳥、風箏的飛行空域

千萬不要輕視雀鳥的「破壞力」。香港有不少麻鷹活躍在不同區域飛行，此外，在米埔保護區后海灣一帶也有成千上萬的季候鳥遷移，特別是在三月、九月之時。無論你有多強的操控能力，也不能夠避開成百上千的編隊水鴨飛行。所以，航拍機飛行前一定要掌握候鳥的活躍情況。

風箏

⊙ 飛放航拍機前要留意飛行路線會不會有其他飛行威脅，本相中隱藏了一隻風箏，航拍機差點就碰個正着，掉入海中。

西貢清水灣郊野公園、大埔海濱公園和船灣淡水湖都是放風箏（紙鳶）的主要集中地。風箏線是難以察覺的。一般風箏都可以飛到 50 至 100 米甚至更高的高度。每年全球都有不少人因為風箏受傷甚至致命。在印度，就曾經試過一天之內有三人被風箏線割頸致命；而香港也發生過電單車司機駕駛電單車時被風箏線割傷的事例。所以放飛航拍機之前要了解一下飛行航線內有沒有人會放風箏，以減低風險。

而最大的問題是風箏的位置和放風箏者的平面距離可以相當之遠。即使一隻風箏放飛至 60 米高，但由於風的作用，風箏會離開操控者最少 100 米甚至 200 米外。如果風箏飛得更高，距離甚至可以超越 300 米以上。所以機手要因應風向避開風箏線。

飛行計劃的重要性

不少朋友為航拍機充滿了電，就急不及待把航拍機帶到戶外飛放。但飛放航拍機和駕駛的最大分別，是飛行途中不能停下來，想一想，然後再繼續飛行。航拍機只要起飛，就要計算剩餘電力或燃料可以維持到多久的飛行。在這個飛行時間內能否及時返航或找到合適降落點。缺乏飛行計劃容易造成意外。過往不少意外包括自動回航時撞到建築物、飛行過低撞樹、用電過量回航時墮海等，甚至過度爬升沒有預留電力降落也有發生，希望各位朋友多加留意。

航拍攝影

航拍是視頻拍攝技術的一種新興形式，它為不同場景的視頻拍攝提供了很大的自由度，並且允許跟踪對象。視頻拍攝由安裝在航拍機下方雲台上的攝像機進行。雲台可以穩定攝錄機，讓攝錄機轉動以獲取連續的視覺記錄，在緩慢飛行下，也不會出現模糊。借助全球定位系統（GPS）和自動駕駛儀，現在可以實現成本高昂的各種攝影技術。通過文本字幕設備，GPS 數據也可以合併到視頻上，加裝麥克風更可以進行語音記錄。

基本技術包括：

- 拉／推拍攝（Pull/Push shot）（Dolly shot）
- 空中平移／傾斜拍攝（Aerial Pan/tilt Shot）
- 追踪拍攝（Tracking Shot）
- 基座拍攝（Pedestal Shot）
- 飛越拍攝（Fly Over Shot）
- 顯示拍攝（Reveal Shot）
- 軌道拍攝（Orbit shot）

通過上述拍攝技術的不同組合，可以實現不同的效果。

拉／推拍攝（Pull/Push shot, Dolly shot）

拉／推視頻拍攝是最簡單的技術，只需在操作過程中讓航拍機鏡頭聚焦到主體，然後向後或向前飛行即可。

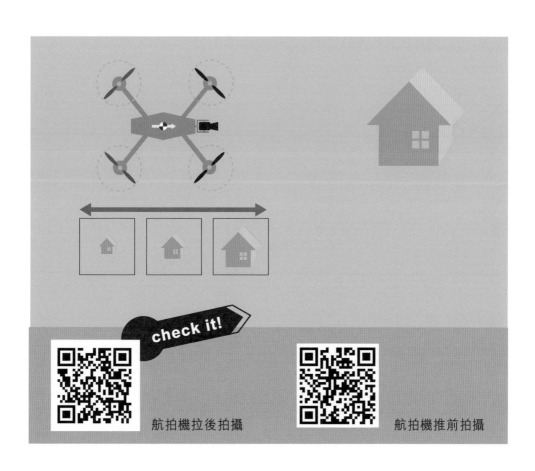

航拍機拉後拍攝　　　　　　　　　　　　　　　　航拍機推前拍攝

穿越拍攝（Fly Through Shot）

　　這是前推拍攝的一種變化，針對有內部空間的主體，通過「門」由外至內部進行探視的技巧。

空中平移 / 傾斜拍攝（Aerial Pan/tilt Shot）

　　在普通平移拍攝中，相機通常安裝在三腳架上。如果是航拍機，則將三腳架換雲台。平移拍攝有以下兩種方法，可以組合前述的航拍機拉後或推前同步拍攝：

- 保持航拍機在「懸停模式」不動，對着主體，攝錄機鏡頭向左或向右轉動。

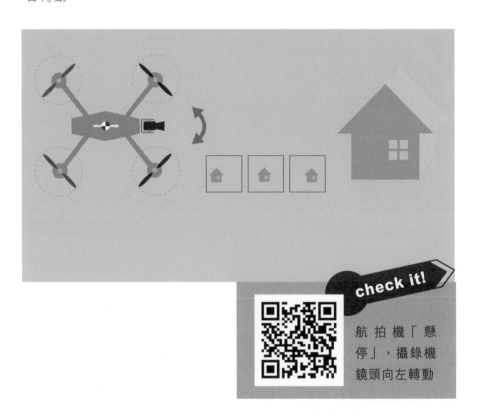

check it!

航拍機「懸停」，攝錄機鏡頭向左轉動

- 保持航拍機在「懸停模式」不動，對着主體，攝錄機鏡頭向上或向下轉動。

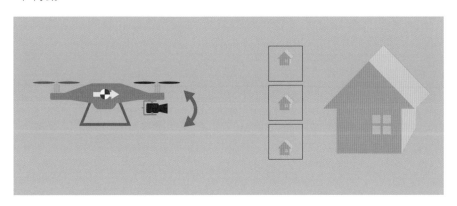

- 航拍機先對着主體，向前或向後飛行的同時，攝錄機鏡頭可以向左或向右轉動（也可以向上或向下轉動）。

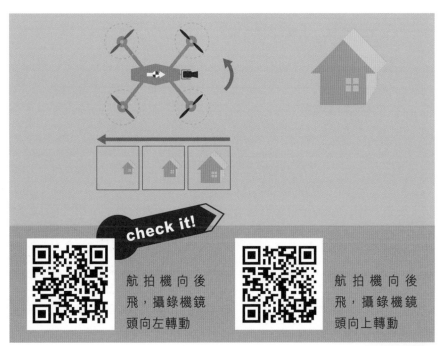

check it!

航拍機向後飛，攝錄機鏡頭向左轉動

航拍機向後飛，攝錄機鏡頭向上轉動

追踪拍攝（Tracking Shot）

通常在與拍攝主體平行移動時使用，航拍機會同步跟踪主體移動拍攝。這項技術主要是速度控制能否匹配主體，在構圖能夠否保持對主體的關注。要掌握這技巧是需要進行多次協調和演練。一種簡單的練習方法是反覆令航拍機在相同的高度、距離和焦距下飛行

check it!

航拍機同步
追踪拍攝

基座拍攝（Pedestal Shot）

　　航拍機在完全不移動相機或雲台的情況下向上或向下飛行，並且完全依靠飛行完成拍攝。基座拍攝常用於顯示雕像、紀念碑，甚至在雲層之上的景色。通過調整航拍機高度，並向上或向下垂直升降。

check it!

基座拍攝

飛越拍攝（Fly Over Shot）

選擇一個物體或特定風景，並將相機聚焦在主體周圍，而航拍機則在主體一定距離外不斷飛行直到它從上方通過物體為止。飛越拍攝有多種用途，主要可讓拍攝對象置於地理透視圖上並顯示其與背景的比例。

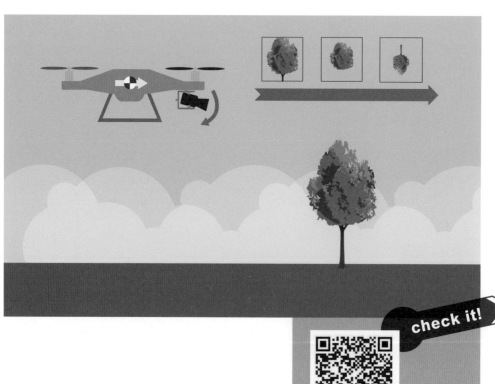

check it!

飛越拍攝

顯示拍攝（Reveal Shot）

　　一種展示深入探視興趣點或主體的重點技巧。在主體的遠處啟動你的航拍機，然後移動它直到你的主體在視野之內。

check it!

顯示拍攝

軌道拍攝（Orbit Shot）

　　另一種揭示我們的興趣點或我們希望觀眾關注主體的重點技巧。讓航拍機繞着主體繞圈飛行，在飛行過程中，拍攝鏡頭視一路指向物體。

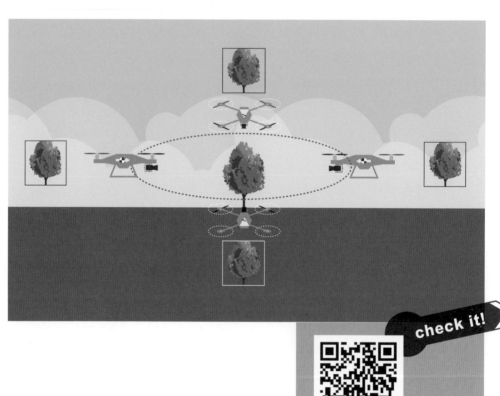

check it!

軌道拍攝

要拍攝出色的視頻，機手應該事先制定一個視頻劇本。步驟如下：

步驟 1：概述拍攝的目標

在寫作前，機手需要確切地知道拍攝目標是甚麼，因為它們會影響拍攝的要求。首先，請回答以下問題：

為甚麼要講這個故事？

用甚麼角度去描述？

觀眾／受眾是誰？

希望觀眾／受眾從故事中感受到甚麼？

他們為何會關心這個故事？

步驟 2：製作故事大綱

勾畫故事的主軸，先僅用五個句子編寫核心故事，作為「故事」骨架，以後再充實。該主軸要能引起人們的興趣，並引人追看。

步驟 3：建立故事

充實故事內容，包含必要的細節。

步驟 4：編寫劇本與分鏡

制定如何使用不同的視頻拍攝技術來講述故事的細節，在實際拍攝前，以故事圖格的方式來說明影像的構成。

步驟 5：拍攝

多拍幾個不同的角度，注意拍攝場景中的任何障礙物，例如電纜、電線桿、圍欄、動物、飛鳥等等。當天空中有飛鷹時，切勿飛行航拍機。飛鷹對進入其地盤的任何飛行物都非常感興趣，甚至會作出攻擊。

步驟 6：後期製作

使用其他視頻編輯器進行後期處理，例如 Blender、Lightworks、Shotcut、Adobe Premiere Pro 等添加過渡效果、特殊效果、聲音和音樂。

以下是有關大澳和貝澳的航拍視頻。嘗試製作其視頻劇本，並討論航拍時使用哪種視頻拍攝技術來完成任務。

大嶼水鄉——大澳（Tai O）
〔4K 航拍〕

航拍香港 Pui O Lantau Island，
香港新界大嶼山貝澳 水牛群

筆者強烈建議無論進行哪種飛行拍攝計畫，之前都手動前向飛行同一路線一遍，以確定飛行路線高度合適和暢通無障礙。不少機手會在進行後退拍攝取景時機尾撞到樹木或建築物，導致墮機，是航拍機常見意外之一。

第五章

飛行準備和
降落之後

飛行準備和降落之後

個人準備

　　航拍機飛行員（機手）必須要有充足的休息，心理和精神方面都要在最好的狀態，沒有生病、服藥和飲酒等，這些都是對一個飛行員的基本狀態要求。當航拍機離地飛行直到降落的一刻，機手都需要在最佳狀態和有良好的判斷力以應付突發事情發生。

航拍機設定

　　不少航拍機都要求裝有最新的固件（Firmware）才能起飛，所以最好在出發前已經準備好更新固件，避免在戶外環境不理想的情況下進行更新，容易出錯。

　　此外，航拍機的最大飛行距離、最高飛行高度和最低回航高度都必須在起飛前設定好，這些數值也因應每次飛行任務的需要而去修改。假設今次的拍攝目標是在 300 米內，就最好把最大飛行距離設定到比 300 米較多的數值，例如 350 米，這樣才能讓電子圍欄適時地

🅐 過低飛近樹木是航拍機常見意外之一。

發生功效。最高飛行高度絕對不應該太高，否則航拍機有可能會進入飛機航道。而最低回航高度必須要夠高，才能夠讓航拍機遇上問題時順利避開障礙物回航。香港的樹木高度一般都不少於 30 到 40 米，甚至 60 米，機手要因應航拍環境需要設定合適數值。到目前為止，航拍機撞上樹木仍是最普遍的意外成因之一。而且，要拯救一架掛樹的航拍機是十分困難和危險的，必須要尋找有專業攀樹經驗的團隊去協助（可在網頁上搜尋航拍機搜救服務的資訊）。

起飛前檢查

包括航拍機有沒有變形和裂紋、螺旋槳是否裝妥沒有破損、電機能夠順暢轉動，還有鏡頭的雲台電機都能夠順暢轉動。

確定慣性測量儀正常

現在一般的航拍機都會在啟動之後自行檢查慣性測量儀（Inertial Measurement Unit, IMU）的狀態，如果有問題，就會發出提示警告要求校正。一般的校正只需要把航拍機放到固定的地方，等候幾分鐘就會自行完成。

檢查電子指南針正常

如果航拍機內的指南針未經校準，航拍機飛行方向便會出現異常。一般電子指南針都不需要經常校準（Calibration），除非是把航拍機帶到超過一百公里以外，或者在較近兩極的地方才需要重新校準。按照廠方的指示把航拍機在水平和垂直兩個姿態下各自旋轉一圈就能完成。

不少有鋼筋的建築物都會對航拍機的電子指南針造成干擾，所以在建築物的天台上航拍機都無法由地上起飛，機手要利用一些工具箱把航

拍機升離地面才能夠讓航拍機順利起飛。有外地機手試過刻意把航拍機降落到別人的天台上顯示其飛行控制能力，但降落天台之後電子指南針隨即受干擾無法啟動起飛，機手結果眼白白把航拍機送給了屋主做禮物。

確定電池量正常

鋰電池是航拍機飛行的重要元素，鋰電池必須要「新鮮」並且充滿電量，使用超過一年的鋰電池最好只用作練習或應用在一些低風險的飛行範圍。電池在使用前一日才充電，並且盡量不要使用到 30% 以下。如果每次飛行都把鋰電池電力用盡，鋰電池的效能和壽命將會大幅降低。此外，鋰電池是不能「飽」和不能「餓」。充滿了的鋰電池在兩、三天內一定要使用或放電到一半左右；用過了 50% 電量的鋰電池也要盡快把電量充滿到 50% 左右。切忌在電池仍發熱的時候充電。如果鋰電池已經發脹或曾經碰撞過就要更換。最理想的做法是起飛前檢查每一個獨立電池單元（Cell）的電壓，如果當中有一個單元的電壓有超過 0.1V 的偏差，就不要再用作飛行用途。

檢查電機 / 螺旋槳

每個電機起飛前最少都要用手擰上一個圈以上，以確保轉動順滑沒有異樣。細小的異物很容易掉進無碳刷電機的內部導致損壞。每片螺旋槳都要用手指觸摸前緣和後緣以確定沒有裂紋，也用眼觀察有沒有其他不對稱或變形的情況。當螺旋槳裝上了電機之後，也要使用一點力去扭動螺旋槳和電機以確保上穩。

確定 GNSS/GPS 正常

檢查 GNSS/GPS 是否運作正常，是航拍飛行的重要一環。當航拍機超過兩個星期無使用，又或者把航拍機帶到超過 500 公里以外的

新地點操作，都需要較多時間重新定位。最新的航拍機種都會在有良好 GNSS 定位訊號之下才能起飛，大大減低「走機 / 走雞 /KFC」的可能。但無論是甚麼機種，確定衛星定位系統正常是十分重要。最理想是在第一轉起飛時做一次回航測試，確定航拍機不會以上次飛行的回航點作為今次的回航點。有朋友試過在第一次飛行新航拍機時就出現故障，航拍機根據生產地點的座標飛向深圳，只是中途給高山擋住了去路過不了境。

ADS-B 和 Flightradar 24 手機應用程式 掌握空域交通

廣播式自動相關監視（Automatic Dependent Surveillance-Broadcast, ADS-B）是美國航空民航局（Federal Aviation Administration, FAA）下一代民用運輸系統（Next Generation Transportation System）的一種飛機位置監察技術。利用飛機上的 GNSS 衛星導航系統定位和定期廣播位置訊息，讓其他飛機和地面的空中交通管制站能夠掌握其實時位置，以避免空中相撞的情況。

不少國家已經開始強制飛機安裝 ADS-B 系統，例如澳洲西部和歐洲等。香港目前絕大部分的民航機、商務機及新型直升機都設有 ADS-B 的系統，大家只需要下載手機程式 Flightradar 24 就可以大約掌握到香港的航空交通情況。但香港大部分小型定翼飛機、小型直升機和軍機都沒有 ADS-B 的訊號，大家要多加注意。

check it!

Flightradar24

起飛前的天氣和航空交通

除了查核 UAV Forecast、Flightradar24 和天文台網站外,也需要現場觀察,即場了解飛行範圍的天氣轉變和小型飛機的飛行情況。掌握現場的風向,把航拍機放在「上風位」迎風準備起飛是較理想的起飛方式。

△ 使用風速計測定現場風速。

使用電波掃描器了解電波干擾情況

由於香港地少人多,WiFi 和無線電的設備亦都十分之多。如果在較近發射站的地點飛放航拍機,可以在飛行的範圍地面進行一次無線電訊號的掃描,以確認使用的無線電訊號沒有被其他訊號影響,也可以改用 5.8G 遙控頻道減少被干擾的機會。

△ 使用手提的電波掃描儀有助減少訊號被干擾的機會。

環境風險評估和第一次飛行

起飛位置的選擇是一個十分重要的決定。因為有不少的航拍機意外事故,都是在起飛位置發生,例如射槳、局部電機失靈、電子指南針失效等。通常每天的第一次飛行都會找一個安全的位置作起降點測試航拍機的狀態。這個起降點需要四周沒有明顯的人群,遠離主要車道、鐵路,視野不易被阻擋,和有空間作緊急着陸。行人天橋、水壩、大廈天台都不是一個理想的起飛位置。

　　機手也不應該在當天第一次飛行就把航拍機立即飛到遠處。一般安全的做法是先把航拍機的電機啟動，聽聽有沒有怪聲，有沒有震動（可能螺旋槳或電機有損壞）。四個電機是否均速，有沒有電機是特別慢速。不少航拍機都會先確定航拍機的系統正常才容許機手啟動飛機，但有時候都會有意外。

　　如果一切正常就可以把航拍機升離地面一個小高度（約一米），停留一會，再操控左右、前後、旋轉是否正常。如果一切正常，就把航拍機飛到40、50米以外，主動按制啟動一次回航功能，確定航拍機會飛到自己的上空準確降落。完成了一次回航功能檢查後，就可以把航拍機飛到目標地點進行拍攝。千萬不要接上航拍機電池之後就二話不說把航拍機升空，要先確定衛星定位已經定好了位置才可以開始拍攝。

　　通常每次飛行會先飛到較近距離的位置拍攝，確定飛行環境因素理想之後，再繼續把航拍機飛到較遠的位置拍攝影像。

第一身飛行

　　要作第一身飛行（First Personal View - FPV）練習，最理想的做法是找一個副機手（Co-pilot）去協助。因為航拍機的鏡頭只能夠局限地看到航拍機前方的方向，對四周的環境是無法掌握的。例如你不會見到航拍機背後有鷹追蹤，也不會察覺前方有人放風箏。而飛行數據可以瞬息萬變，只要一不留神，隨時可以把航拍機置於險境。

　　無論是操控無人的航拍機或者載人飛機，機師／機手都必須要關注四周環境的轉變。舉例說，之前飛過了一個塔式起重機（天秤），但轉瞬間天秤轉了向或升高，原先可以通過的空間就被封閉了。

在飛行的角度來說，除非是做建築物的檢查和測量，否則必須要和建築物和樹木保持明顯的距離，而這個距離應該和航拍機的飛行速度和高度成一個正比——飛行速度愈快，和建築物、樹木距離愈遠。

機手或副機手必須要定時每分鐘，甚至每半分鐘監察一次飛行數據以確定飛行正常。為了避免錯過了任何一項數據，機手或副機手應習慣順時針或逆時針觀察 FPV 上的每一項數據。

定位衛星數目　　發射機電量　　　飛行模式　　遙控訊號強度　手機訊號強度　　電量

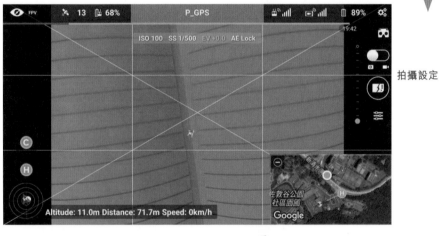

拍攝設定

高度　　與起點距離　　速度

 電量 >GPS 數量 > 訊號強度 > 距離 > 高度 > 速度 > 電量……重複

不少人有一個心態，就是不用理會航拍機的飛行狀況，盡情把航拍機飛到天涯海角，當低電量或者失去訊號之後，讓航拍機自動回航。但天空上的情況瞬息萬變，大約每幾百個自動回航，就會有一個因其他原因導致回航失敗，甚至撞到障礙物造成損失；大約每幾百塊出廠的電池，就會有一塊的效能有問題或者表現不佳。所以機手要盡量保持航拍機的控制權時刻在自己手上，保護系統是最後緊急關頭時才運用的「法寶」。大家也不會因為汽車上有防撞氣墊和 ABS 防鎖制動系統，就把汽車車速開到極限吧？

不同意外事故的處理

由於不同航拍機的防止意外處理邏輯都不同，這裏只是列出一些建議方法參考。

不尋常電量下滑

危險指數：高

機手要充分了解航拍機的正常電池消耗量，例如每一個巴仙電量的飛行時間。以一架能夠飛行 20 分鐘的航拍機來說，每一個巴仙的電量大約可以飛行 12 秒。如果觀察到電量下降速度比預期快，這代表電池可能受損失效，就要立即決定緊急受控着陸或者回航。

應對方法：回航或着陸

一般來說，如果航拍機在半分鐘距離（30 秒 × 最大飛行秒速，約 300 米）以外，緊急受控着陸在安全地方優先；如果航拍機在半分鐘飛行距離之內，緊急回航優先。

危險指數：中

當航拍機遠離機手的附近範圍，航拍機能接收到的訊號強度也會隨飛行距離增加以幾何級數的幅度下降。而當航拍機飛近一些天線發射站，又或者民居的 WiFi 路由器，航拍機的訊號就可能會急速變弱或者中斷。

應對方法：讓航拍機爬升或回航

由於大部分的發射站或 WiFi 裝置都是針對地面或大廈內的人使用，天線的安裝方向大多以地面或大廈為目標，因此適量爬升是改善航空機接受訊號的直接方法。當航拍機爬升一定高度也無法改善訊號強度，就應該主動回航，並更改操作地點來改善訊號的質量。

無論如何都不要把遙控器關掉以迫令航拍機回航，因為航拍機失去了訊號本應就會自動回航，主動關掉遙控器並不會增加航拍機回航的機會，但遙控器要在遠距離重新連接航拍機會十分困難。

衛星導航系統 GNSS/GPS 受到干擾 ▷▷

危險指數：高

在香港，每一千個航拍機的飛行，GNSS/GPS 就可能會有一、兩次受到干擾。當航拍機 GNSS/GPS 受到影響，就會失去了自動回航和計劃飛行的能力。2018 年維多利亞港的航拍機燈飾表演，就可能是因為衛星導航系統訊號受到干擾而造成多隻航拍機自動降落而墮海。除非航拍機有航位推測計算（Dead reckoning）的能力，否則只會原位自動降落。

應對方法：主動回航

機手如果發現 GNSS/GPS 訊號偏弱，如只有 7 粒以下的定位衛星訊號，就應該主動回航。但如果萬一飛行中突然失去了衛星定位的能力，航拍機就會轉為姿態模式（Attitude Mode），航拍機會穩住自行的飛行姿態但會隨風飄流。機手首先不要驚慌，更千萬不要啟動自動回航功能！因為航拍機會中斷機手的操控權，但又不能自動回航反會飄得更遠！

機手應首先輕微增加航拍機的高度以減少被障礙物截斷僅有遙控訊號的機會。然後順時針或逆時針旋轉（Yaw）航拍機，透過 FPV 圖傳掌握回航的方向。當確定大約的回航方向後，慢慢增加前向的速度（Pitch down），並保持飛行高度。要能夠及時地完成這個緊急應對程序，機手應該在一些安全的地方預先練習，才能夠把握短暫的救機機會。否則航拍機飄到一定距離之後，就會失去遙控訊號而無法再被操控。

亦因如此，機手最好是在下風位置操作航拍機。萬一航拍機失去了 GNSS/GPS 訊號，航拍機會飄近機手而不是飄離機手，這樣可以增加救機的時間和機會。

大風

危險指數：中

不少機手都會忽略航拍機實時的風速。由於今天的航拍機飛行性能十分穩定，加上多軸平衡雲台或影像修正效果，讓機手誤以為遠處高空的風速是穩定和偏弱。一般的情況下，離地面愈高，風速就會愈快。此外航拍機所在的飛行位置可能沒有高山、樹林的屏障，因而有機會受到強風吹襲。航拍機長時間在強風下飛行，除了耗電增加外，也可能損耗電機，導致停轉而從空中墮下。

應對方法：降低高度並回航

機手應該不時留意飛機的姿態數值顯示。如果航拍機的 Pitch 或 Roll 在沒有動作之下都達到 10 度以上，代表航拍機正在受到強風吹襲。機手應該首先合適地把航拍機高度降低，然後回航等待風勢轉弱才再飛行。

影像中斷 / 延遲

危險指數：中到高

當發現圖傳影像開始有延遲，例如給了左轉或右轉的操作指示，航拍機的影像有明顯延遲才有反應，機手就應該開始回航，把航拍機飛近身邊。而圖傳訊號中斷本身未必是一個危險情況，機手只要及時啟動回航功能就可以解決問題。但圖傳訊號中斷可能只是其中一個飛行問題，代表著航拍機可能有其他機件或干擾的問題。如果在一個飛行風險較高的地域，找一個有經驗的副機手協助目視監察航拍機飛行會較為理想。

應對方法：改變飛行姿態掌握航拍機的飛行方向

如果只是圖傳訊號中斷，機手可以啟動自動回航把航拍機返航；但圖傳訊號和 GNSS/GPS 訊號都同時受到干擾，機手就不可以依靠圖傳作 FPV 回航或自動回航。這時遙控器若還能夠操控航拍機的話，機手應該立即做順時針或逆時針轉圈的飛行動作，以利用飛行姿態的改變，掌握航拍機的飛行方向。當掌握到航拍機的飛行方向後，就盡力把航拍機飛回身邊或安全地點降落。要做到這個緊急的操作，機手必須有一定的操控能力和預演，才能夠在緊急關頭救回航拍機。

不同場景的操作

水上活動

　　不少機手都喜歡利用航拍機在船上拍攝水上活動。早期的航拍機都不能改變起飛點 Home Point 的位置。由於船隻會不停移動離開原點，萬一航拍機遇上干擾就可能會飛到沒有船隻的原點降落到水面上。新款的航拍機在遙控器上都裝有 GNSS 或 GPS，可以讓航拍機追隨機手返航降落，這種功能適合在船上或移動的平台上操作航拍機。

　　不少人也喜歡在郵輪或船隻上放飛航拍機拍攝。除了要遵守輪船公司的守則外，機手也必須要留意郵輪的巡航速度和實時風向和風速，特別是郵輪正在逆風中巡航。因為不少郵輪都有接近 15 海里以上的高速，只要海上有 10 海里或以上的風速，郵輪逆風時的實際空速就是 25 海里（時速 46.3 公里或 12.8 米 / 秒）。除非是重型無人機或者定翼無人機，大部分的小型航拍機只要在甲板起飛，機手就會眼白白目送航拍機逐漸飛遠然後回歸大海。

海風：10海浬（18.5公里或5米/秒）

全速也追不到！

最少速度：28海浬（51.8公里或15米/秒）

船速：18海浬（33.3公里或9米/秒）

🔺 在郵輪或船隻上放飛航拍機，要留意風向和船隻速度。

如果真的有需要在公海上的郵輪拍攝，除了要有船長的批准和配合外，也必須要在郵輪順風行駛的情況下，才會有機會順利完成拍攝。此外，由於船隻搖晃和風大，在船隻上降落航拍機會有一定的難度，機手不妨準備好合適大細的漁網以協助把航拍機接住。

沙灘或泥地上操作

沙泥會對電機造成永久破壞，盡量不要在沙灘或乾涸的泥地上起降航拍機，或者低飛航拍機造成沙塵捲起。如有需要，可以在地面上大量灑水，或者鋪上地蓆、木板等以減少沙塵捲起。

建築物天台

之前提過金屬和隱藏電線會影航拍機的電子指南針，有需要時可以利用膠箱或木箱把航拍機墊高然後再起飛。除非你真的打算着陸，否則要避免在建築物上降落然後再起飛。

在建築物或山體附近飛行

機手必須要留意附近低空的風向和強度，天文台和其他的天氣網站都未必能夠提供這些當地的天氣資訊。當強風吹過了建築物或山體，就會有可能形成一些漩渦和亂流。這些漩渦和亂流會危害航拍機飛行，沒有保護系統和操控技術能夠應付。

遇上低飛飛機

除非有特別任務或者在起飛着陸的階段，一般小型飛機、直升機的最少飛行高度應該會離開地面 500 呎（Above Ground Level, AGL）或以上，不過如果

有建築物或帶其他障礙物，飛行高度就會更高。香港的小型飛機目視飛行守則（Visual Flight Rules, VFR）在 3,000 呎以下飛行並沒有特定的飛行方向和高度。一般的小型飛機、直升機引擎聲響十分明顯。當機手聽到小型飛機聲響後，應該一面盡快辨認小型飛機的飛行去向，另一面適量降低航拍機的高度，以騰出最大的空間讓小型飛機飛過。機手應多參考香港本地的飛行圖則以掌握一般小型飛機和直升機的航道。

遇上麻鷹

麻鷹是無人機的最強天敵。有人說香港是唯一一個有麻鷹飛行的城市，事實上，香港差不多每個角落都有麻鷹的蹤影。如果航拍機接近牠們的巢穴，牠們會群起驅逐，甚至攻擊航拍機。如果不幸遇上麻鷹追蹤或企圖攻擊，還是早走早着最為上算，因為任何和飛鳥的些微碰撞都會導致航拍機被擊落。要留意麻鷹一般是由上而下的俯衝攻擊，所以當發現麻鷹在航拍機以上的高度就要多加留意。一般來說，麻鷹是熱流（Thermo）飛行高手，牠們都能借助山體上升氣流或者熱流上升，較少主動拍翼爬升。急速讓航拍機爬升是一個可以考慮的閃避方案。

🔺 除了麻鷹，香港也不時會有大量季候鳥飛行。

　　航拍機飛行員或機手都是飛行員（Pilot）之一，應該有一定的飛行操守（Airmanship）以防止意外發生和影響他人的權利。簡單地說，就是勝任、負責任和有「品」格地飛行。

1. 清楚了解航拍機的性能、操控和限制。
2. 隨時準備犧牲航拍機以換取其他飛行器、地面人員和財物的安全。
3. 飛行時尊重別人私隱和空間，不應刻意飛近別人。
4. 減少噪音聲浪對他人的影響。
5. 遠離危險設施、機場、油庫。
6. 尋找副機手協助監視航拍機飛行和飛行數據轉變
7. 當航拍機飛行速度愈快，和地面和其他物件的高度距離就要愈高。所有飛行器都是愈高飛愈安全，不少空難的成因都是因為飛機高度過低令機師無法及時修正問題。這個和跟車兩秒距離的道理一樣，行車速度愈高，和前車的距離就要愈遠。第一秒是反應時間，第二秒是剎車開始反應的時間，剛剛好可以避免撞到前車。舉例說，航拍機的飛行速度都是 1 米 / 秒，最少的飛行高度是約 4 到 5 米，如果飛行速度是 10 米 / 秒，飛行高度離最高的障礙物是最少要有 40 至 50 米，否則機手就無法有足夠時間應對突發的情況。

航線臨界點 / 飛行不歸點 ▶

　　對於任何一個飛行員或者船員，心目中都有一個「飛行不歸點」（Point of No Return, PNR），以決定甚麼時候要終止飛行把飛機回航或降落到合適的地點。如果一架航拍機能夠飛行 20 分鐘，理論上就是可以由起飛點起

飛往外飛 10 分鐘，然後用 10 分鐘時間回航，這樣就剛剛好可以及時在降落在原地。除非你一早不打算收回航拍機或打算把航拍機飛到另一個地點降落。

但現實上有很多因素，會導致這個理論航程變成不可能。航拍機飛行員必須掌握風向、風速、溫度等因素和了解航拍機的特性，才能準確把握 PNR 的時間。

舉例説，不少航拍機都有爬升和下降的速度限制，例如上升速度為 3 米 / 秒，下降速度為 2 米 / 秒。如果用一半飛行時間來爬升，那麼這架航拍機就不能夠有足夠電量安全降落到地面。

又如果航拍機飛行速度最高是 10 米 / 秒，一分鐘的飛行距離是大約 600 米，兩分鐘的距離是 1,200 米；而在 90 米的下降需時約 45 秒，所以在兩公里的飛行距離內，航拍機必須最少要有 4 分鐘以上的電量以備回航需要。

對於複雜的航拍機操作，基本上在操作的每個階段都需要掌握剩餘電力能否可以足夠回航。一般會先由遠到近進行拍攝工作，然後讓航拍機慢慢飛近起點來完成拍攝。如果萬一中途有事故，航拍機都會在較近的位置有足夠電力回航。不少機手等待航拍機低電警報啟動才回航，亦是造成意外的其中一個主要原因。

萬一飛機掉下 / 走失

- 保持鎮定。
- 保持遙控器啟動。

- 用手機拍攝 FPV 上的最後畫面（或者截圖 Screenshot）。

- 留意有沒有航拍機的任何訊號。

- 不少航拍機都有 flight log 的記錄功能，這個功能可以協助找到航拍機最後的大約位置。

- 走到最後記錄到的航拍機位置附近，高舉遙控器以便接收航拍機的訊號。

- 如果收到航拍機的訊號，可比較訊號強弱以修正搜索範圍。

- 如果航拍機掉到危險的位置，找專業人士協助。

降落

　　當拍攝或飛行任務完成了後，機手就要開始返航的程序。有一些機手會依賴一鍵回航的功能回航，但這是一個不太理想的做法。航拍機的自動化功能應該是在不幸或意外的情況之下才啟用，否則當這些功能都失效的時候，就會變成無計可施。

　　回航之前，機手應先查看電量是否足夠。如果這時發覺電量遠比預期為低，已經少過了返航的需要，就不應該考慮回航，而是透過圖傳尋找一個安全的地點盡快緊急降落。這樣做除可減低傷人的機會，也可以增加事後找回航拍機的機會。否則讓航拍機勉強回航而中途停槳掉下來，對他人所造成的破壞和損失是難以估計的。

　　如確認電量足夠回航，應保持飛行高度，把航拍機轉向起飛點並前進。這樣可以確保機手能觀察回航路線有沒有障礙物、建築物等。如果航拍機是背向機手回航，雖然有利機手操控

航拍機,但在遠距離進行後退的操作是有一定的危險性。如果電量處於十分關鍵的時候,可以啟動 Sport Mode 以提高回航速度,需要時更可以適量提高飛行高度以確保飛行安全。

當航拍機飛近機手約一百米左右的距離時,機手可以改為目視觀察航拍機增強操控感,並可以修正航拍機方向背向機手有利操控。這時,機手先確認降落位置已經清場,就可以慢慢降落航拍機。

當航拍機安全着陸後,機手要先確認航拍機電機完全停頓並且上鎖,然後才行近航拍機並關掉電池,最後關掉遙控器電源和有關的手機應用程式,飛行任務才算結束。

保養和檢查

每次降落之後,都必須要檢查航拍機機殼有沒有裂痕或者受損,有時候在飛行中輕微碰撞過一些不明物體會造成破損或者損耗。筆者就曾經發現航拍機竟然被鳥糞擊中,如果鳥糞接觸到電子零件或電池接點,有機會導致飛行意外!(而且更可能傳播 H5 病毒,必須要進行消毒工作)

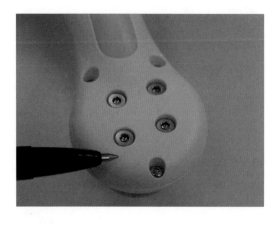

◑ 每次飛行完畢也應進行檢查,若如圖中般機件出現裂縫,就應維修。

在炎熱的環境下飛行，航拍機機身和螺旋槳可能會因過熱、震盪和壓力出現變形甚至裂痕，機手必須要檢查一遍。此外機手亦需要檢查電機溫度是否平均，電池溫度是否正常不過熱，航拍機電池必須要變涼之後才能進行充電。如果不是即時有需要，應把電池充電到一半的狀態，到使用前一兩天才再充滿電量。如果航拍機要封存，所有電池應該最少每三個月充放一次以保持活性。

第六章

無人機法例

無人機法例

執筆之時，香港正針對無人機的運作進行立法，這是一次對香港科技發展影響深遠的立法。首先可以肯定，我們是要讓無人機技術普及和發展，而不是阻止這種 21 世紀最具潛力的科技在香港消失。無論將來無人機法例何時和如何通過，最重要是預留充足空間給技術的發展和轉變。今天看似不可能或者不安全的做法，對未來的人來說肯定是一笑置之。就像以前市民對攜帶有相機功能的手機出入公共洗手間一樣有所保留，而今天大部分市民亦已習以為常一樣。書本出版之時，消費無人機主要品牌 DJI 已經推出了 250 克以下的 Mavic Mini 無人機，不用受到絕大部分國家或地區的註冊規範。我們可以肯定更加先進技術的航拍機產品亦將會誕生，亦會超越今天訂立法例時想像的框框。

過往香港一直只對「模型飛機」作出了一些簡單的定義和指引，只要「模型飛機」飛行時不危及地面的人和財物和飛行中的飛機，不進入飛機的主要航道和機場範圍就可以操控。只要不涉及金錢上的服務，就不會受到法例上的限制。現在民航處打算進行立法，主要是把 25 公斤以下的無人機／模型飛機以重量分為三類，即甲一類、甲二類和乙類。而今次立法並未對 25 公斤以上工業級無人機作出特別的規範。

甲一類（250 克以下）

在 2019 年 6 月民航處向立法會提出的建議文件，將會對 250 克以上的無人機全面進行註冊。但 250 克以下的無人機只要不飛高過 30 米、不超過 50 米、不飛越人群和建築物品物，基本上沒有任何要求和限制。

甲二類（250 克到 7 公斤）

250 克以上到 7 公斤是目前最多人使用的無人機級別。由 400 克重的 Anafi, Mavic Air、1.2 公斤的 Phantom 系列、2 公斤級的 Inspire 2 等都是這個範圍，差不多佔了八成以上的無人機數量。操作這個類別的無人機需要登記、購買 500 萬保險、亦需接受簡單的訓練，並且不可以飛近人和建築物。

如果使用甲二類的無人機要超越以上的飛行限制，就需要接受乙類無人機的飛行要求。

乙類（7 公斤到 25 公斤）

7 公斤到 25 公斤主要是行業和工業無人機級別，例如 10 公斤級的 DJI M600 等都是這個範圍。操作這個類別的無人機不單需要登記、購買 1,000 萬保險，亦需接受正式的無人機訓練。目前香港除了 VTC，還有香港航空青年團和一些私人機構提供培訓，也可能會承認外國和內地的培訓資歷。

建議的小型無人機規管要求概覽

類別	甲 1 類 （≦ 250 克）	甲 2 類 （> 250 克至 ≦ 7 公斤）	乙類〔註 1〕 （> 7 公斤至 ≦ 25 公斤）
註冊和標籤規定			
小型無人機須註冊和展示標籤	✘	✓	✓
小型無人機操作人須註冊	✘	✓	✓

類別	甲 1 類 （≦ 250 克）	甲 2 類 （> 250 克至 ≦ 7 公斤）	乙類 [註1] （> 7 公斤至 ≦ 25 公斤）
培訓與考核規定			
小型無人機操作人須接受培訓與考核	✗	✗	✓
設備規定			
基本規定（飛行記錄和適飛空域辨識功能）	✗	✓	✓
額外規定（例如電子圍欄、安全防護保障裝置）	✗	✗	按照民航處規定
操作條件			
民航處指明標準操作條件	✓	✓	不適用 [註2]
超出標準操作條件的限制，須事先取得民航處的批准	不適用 [註1]	不適用 [註1]	✓
保險規定			
購買第三者責任保險（身體受傷及 / 或死亡）	✗	✓	✓
最低保額	✗	500 萬港元	1000 萬港元；或民航處規定的更高保額

註 1：甲 1 / 甲 2 類操作如在飛行期間有超出相關操作條件的限制，會被視為乙類操作，必須事先取得民航處的批准，才可進行。

註 2：由於乙類涉及多種操作，操作條件因應個別情況而異。

無人機法例

建議的甲 1 類和甲 2 類小型無人機標準操作條件

操作條件	甲 1 類 （≦ 250 克）	甲 2 類 （> 250 克至 ≦ 7 公斤）	
操作時間	只限日間		
最高飛行高度（地面以上）	30 米 （約 100 呎）	90 米 （約 300 呎）	
與不涉及操作的其他人 / 建築物 / 車輛 / 船隻的最低橫向間距	10 米	10 米	30 米
最高速度	每小時 20 公里	每小時 20 公里	每小時 50 公里
與小型無人機操作人的最大距離	50 米	500 米	
全時間在目視距離範圍內操作	必須		
在飛行限制區內飛行	嚴禁		

註 1：甲 1 / 甲 2 類操作如在飛行期間有超出相關操作條件的限制，會被視為乙類
　　　操作，必須事先取得民航處的批准，才可進行。
註 2：民航處將根據最新的技術發展和當前的操作環境，適時訂明和公布詳細的標
　　　準操作條件。

立法上的疑問

保險要求

　　民航處將會要求 250 克以上的航拍機全面購買第三者保險，但使用一架 251 克和一架 25 公斤的無人機，在進行相同性質的飛行任務時，例如飛行高度高過 300 英呎，都是使用同一個保額要求（一千萬港元）。這個分類是否合適呢？

如果一架 251 克的無人機，只根據民航處目前的安全指引來飛行，不能飛越任何人、車、建築物，那麼 500 萬的保險又是否太多？

根據香港法例第 448F 章《民航（保險）令》，香港對各種飛機的保險金額要求：

重量 （以最大滑出前重量或最大滑行重量中的較大者）	保險款額	常見飛機型號
① 超過 170000 公斤	美金 $1,000,000,000 （約港幣 $7,800,000,000）	空中巴士 A380、A350；波音 777、787
② 不超過 170000 公斤但超過 100000 公斤	美金 $500,000,000 （約港幣 $3,900,000,000）	空中巴士 A300、波音 767
③ 不超過 100000 公斤但超過 28000 公斤	美金 $200,000,000 （約港幣 $1,560,000,000）	波音 737
④ 不超過 28000 公斤但超過 10000 公斤	美金 $60,000,000 （約港幣 $468,000,000）	挑戰者 605
⑤ 不超過 10000 公斤但超過 5700 公斤	美金 $25,000,000 （約港幣 $195,000,000）	H-175 直升機
⑥ 不超過 5700 公斤	美金 $15,000,000 （約港幣 $117,000,000）	R22, R44 直升機
⑦ 超過 7 公斤但不超過 25 公斤	建議港幣 $10,000,000	DJI M600
⑧ 超過 0.25 公斤但不超過 7 公斤	建議港幣 $5,000,000	DJI Spark、Parrot Anafi、DJI Phantom series、 DJI Inspire

如果是按載人飛機的重量和速度來計算，飛機愈大愈快，破壞力愈大，保額和重量的比例卻是相對較少。一架價值約 5 億美元、時速高達 900 公里的空巴 A380，只需要購買機價兩倍 10 億美元的保險。

但一架 300 克重，速度不足 40 公里，價值約 3000 元的 DJI Spark，保額卻高達港幣 5,000,000 萬、近機價的 1,667 倍。這個分類是不是不夠仔細不夠恰當呢？相反地，一架連人帶車重量達 80 公斤以上，速度可超過 4、50 公里的單車，卻不需要購買任何保險。對比一架 251 克重的無人機來說，又是不是太不合理呢？

而且跟據條例要求，航拍機已經不能飛近人、車、船和建築物，也不能高飛。購買了這個保險還有甚麼的意義呢？

比較理想的做法，是在 250 克到 7 公斤級之間再劃分出一個類別出來，例如在 1.5 公斤再劃分一個類別，把保額減少一點和採用更寬鬆的操作要求，才能夠促進無人機在香港的應用和發展。

此外，購買保險是以人或公司作單位，還是以飛機作單位？對於個人玩家來說，若以飛機數量來算，筆者有朋友擁有過百架無人機 / 模型飛機，如何能夠購買這麼多的保險呢？

訓練要求

購買保險時，保險公司將會要求投保者必須獲得民航處的認可課程資格，否則難以投保。因此民航處也需要清晰釐定課程的內容和要求，以便市民能夠跟從投保。過往香港一直沒有對任何無人機或遙控飛機機師（機手）在技能上作出要求，過往這項運動是依賴「師徒制度」的方法去教

導新手，沒有一個具體標準的方法去教授遙控飛機或者無人機的理論和操作。但自航拍機在 2010 後慢慢普及起來之後，國際上開始慢慢對專門從事無人機飛行操控的機手產生一個技能標準要求。

中國目前有三種和無人機訓練有關的課程：

中國航空運動協會
（AERO SPORTS FEDERATION OF CHINA）

簡稱中國航協（ASFC），是獨立法人資格的全國體育組織，負責管理全國航空體育運動項目，是代表中國參加國際航空聯合會（Federation Aroenautique International, FAI）和相應國際航空聯合會及相應國際航聯活動及組織全國性競賽的唯一合法組織。中國航協在中國各地都有定期的多軸無人機技術考試。對飛行操控技能要求頗為嚴格，有興趣的朋友可以透過無人機訓練機構報考。

中國航空器擁有者及駕駛員協會
（Aircraft Owners and Pilots Association Of China，AOPA-China）

是中國國務院批准、民政部門註冊和中國民用航空局主管的通用航空行業的全國性協會，也是國際航空器擁有者及駕駛員協會的國家會員。有興趣的朋友可以考核取得中國航空器擁有者及駕駛員協會（AOPA）頒發的全國統一的多旋翼、固定翼、直升機、小型機的無人機駕駛員、機長合格證。

無人機應用技術培訓中心
（Unmanned Aerial Systems Training Center, UTC）

　　是大疆創新 DJI 旗下的專門培訓機構，為個人和企事業單位提供無人機飛行基礎訓練、應用科目學習、考試認證、就業和招聘等一站式服務，讓無人機在航拍、巡檢、安防、植保、測繪等各類行業應用上更加高效和安全。但 UTC 的訓練只針對大疆創新 DJI 生產的航拍機 / 無人機，因此對操作其他種類的無人機並無太大的幫助。

　　此外，英國、加拿大、澳洲和不少國家的民航機構在多年前亦已建立了自己的無人機飛行資格制度，香港亦有多個機構提供這些無人機的培訓課程。但到目前為止，香港民航處並未明確提供任何無人機訓練內容和操控能力要求的指引。

check it!

美國聯邦民航局　　　英國民航局

澳洲民航安全局　　　加拿大航拍機要求

各地無人機的規例

　　由於無人機發展太快，不少國家都在不停修改無人機的法例以配合社會發展需要。所以難以整合一個簡表供讀者參考。讀者還是在旅程出發前瀏覽有關國家、地區的最新無人機法例，這裏只能列出一些基本共通的要求以作參考：

飛行高度：大部分地區是以 400 呎（120 米）為限，澳門由於特殊環境只能最高飛 100 呎。

飛行時間：只限日間，所有夜航都需要申請。

飛行距離：目視視線距離。

最大重量：7 公斤到 25 公斤不等，超過 7 公斤要通過飛行能力測試。

實名登記：250 克以上均需登記。

飛行限制：城市中心、機場和部分旅遊名勝都不能飛放航拍機，不能飛近人群。

民航公司對攜帶無人機的要求

　　由於鋰電池有爆炸風險，多國航空公司都規定不能攜帶容量超過100Wh 的鋰電池，部分航空公司則容許到 160Wh。但無論任何容量，鋰電池都不能托運，只能隨身攜帶。如需攜帶航拍機乘坐飛機往外地，最好事先向民航公司查詢。

第七章

航拍機/
無人機的應用

航拍機 / 無人機的應用

肯定地説，人類仍然未完全掌握無人機的所有應用潛能和用途。除了軍事上的應用之外，目前無人機最廣泛的民間應用包括：

電影、電視拍攝 / 新聞採訪

要拍攝一套畫面豐富的電影或電視劇，無人機幫助相當顯著。過往需動用重型吊臂、搭建路軌才能拍攝出的影像，現在只要廉價的無人機器材就能夠拍出更好的效果和震撼的畫面。在新聞報導方面，無人機提供了豐富的影像，讓大眾了解到事情的真相，做到「有圖有真相」的效果。

地形和工程測量

利用無人機做土地測量比較地面測量速度快上好幾倍，而且大幅減少測量人員在高危地點工作的風險。無人機比傳統飛機能夠飛得更低、更慢和更準確。因此，無人機能夠拍出比載人飛機或低軌道衛星高出十倍以上解像度的影像，要做到 1 厘米甚至更小的地面採樣距離（Ground Sampling Distance, GSD）完全不成問題。利用航拍無人機可以生產出數碼正射影像地圖（Digital Orthophoto Map, DOM）之外，更可以生產出數字地面模型（Digital Surface Model, DSM）、三維網格（3D Mesh）、三維點雲（3D Point Cloud）等地圖產品。這些地圖產品都是智慧城市的基礎數據，沒有這些基礎數據是難以建立好一個成熟的智慧城市模型。而且利用航拍機進行土地測量，不會佔用寶貴的民航

四軸無人機測量。

機飛行航道，同時也不用飛行人員冒險在多山的飛行空間低飛，是一個多贏的方案。過往不時都有航拍人員遇上空難，包括以拍攝《看見台灣》聞名的導演齊柏林，實在是令人惋惜。

定翼無人機測量。

保險評估

無人機對保險業亦十分重要。2018 年美國多場風暴破壞力驚人，造成嚴重損失，保險公司亦需要利用無人機快速評估和記錄災場，用以日後保險索償的證據。可能有人認為利用載人飛機都可以完成同樣的工作，但利用載人飛機會佔用載人飛機的航道，而且載人飛機不宜低飛，不能提供更清晰的影像證據，難以提供客觀的證據用來參考。

使用無人機作保險賠償評估。

保育環境 / 生態研究 / 考古

無人機比大部分載人飛行器可以飛得更慢，這樣對仔細記錄地上的形態十分有幫助。以往如要準確記錄雀鳥數量，或者要勘察隱藏在樹林下的廢墟，利用舊式的載人飛行器具是十分危險和困難，但使用無人機進

行這一類型的工作就十分勝任。日本人甚至利用航拍機在非常危險的太平洋火山小島進行雀鳥觀察，以了解火山活動對雀鳥數量的影響。航拍機不單可以掌握樹木的位置和數量，甚至可以知道它們每季的生長變化，了解生物質量（Biomass）的改變。更有考古人員成功利用配備激光雷達的無人機在中美洲尋找到消失的馬雅古城。

這類必須要低飛的高危飛行工作，根本是不適宜使用載人飛機冒險去執行的。

check it!

聚星樓三維模型

貨運 / 醫療運送

能夠為位處偏遠戶外工作的人員送上一罐冰凍汽水和一盒豆腐火腩飯，絕對能提升工作效率。在不少幅員遼闊的地方，已經開展了無人機送貨服務。對於一些必須要在極短時間內運送的醫療物品，包括血液樣本和人體器官，都已經有人利用無人機進行運送。在美國，已經有人成功利用無人機把腎臟運載到 5 公里外的另一間醫院進行移植用途。未來對於探索高山的攀登者來說，要利用無人機補給食物食水、甚至是生死攸關的氧氣樽到高山，都不是不可能的事情。

搜救應用

根據某航拍機公司的數字，這幾年搜救人員利用航拍機已經成功救獲超過二百人。在 2018 年 6 月，英國諾福克警方利用航拍機發現被困在沼澤 22 小時的 75 歲男子 Peter Pugh。當時 Peter 腋下都浸在水裏面，只有身體小部分露出水面，如果沒有航拍機低飛的性能和高清的影像，警方根本不可能察覺到 Peter 的所在位置。直升機機師一般出於飛行安全的考慮，

只會在 500 呎以上的高度飛行。就算直升機低飛，強烈擾動的氣流也會影響對地面的觀察，亦不可能聽到微弱的呼救聲，因此利用航拍機 / 無人機搜索是一個較理想的選項。在美國波士頓，警方更成功使用裝配了熱感紅外線鏡頭的航拍機找到被性侵的受害者。

此外，利用航拍機安全地在 3、4 公里距離內投放一公斤重量的東西，不會是甚麼困難的工作，這對在炎夏中拯救中暑或者海中遇溺的人相當重要。利用航拍機及時吊送一樽食水或者一個自動充氣救生衣，可以及時救回不少的寶貴生命。而新型號的航拍機更能搜索電話訊號，加快協助尋找失去知覺的迷途人士。另一方面，救生員更加可以利用航拍機監視泳灘附近有沒有鯊魚游近，大大保障泳客的安全，在澳洲已經開始利用航拍機巡邏去保護泳客安全。

未來當重型航拍機 / 無人機更普及，利用航拍機滅火也會是下一個新里程。要在長臂猿升降梯不能觸及的高度投放化學滅火劑，甚至在緊急情況下利用無人機把被困人士由大廈天台載往安全地點，已經不是科幻小說裏的內容。

利用航拍機在水面和近岸搜索遇溺者，肯定會比用直升機更快和更有效。航拍機和的好處是可以飛得更慢，用步行的速度飛行而不減飛行安全性。只有更仔細的影像，才有可能發現被動（passive）、無反應的失蹤人士。

check it!

噴射飛行滑板橫越英倫海峽。

◭ 2018 年香港民間搜索隊利用航拍機協助鎖定被困危崖人士的所在位置，協助拯救

搜索人員

被困人士

希望有遠見的救援人員能夠加快這些發展，為未來的人提供更有效的拯救服務。

澳洲無人機拯救遇溺者。

無火煙花表演

在平昌冬季奧運會，超過一千架無人機參與表演，更有層次和環保，而且可以有無限的發揮和創意空間。最近澳門回歸二十週年也用上了六百架無人機表演慶祝。無人機慢慢取代傳統煙花表演也會是趨勢。傳統煙花雖然閃亮奪目，但會產生大量粉塵和二氧化硫、二氧化氮等毒氣，造成環境破壞，而且不可能做出複雜準確的動態圖案。筆者執筆之日已經有突破 2000 架無人機表演紀錄。相信未來 5G 世代會有更多無人機可以同時表演，展現出更加震撼和攝人的圖案和影像。

平昌冬奧無人機表演

慶祝澳門回歸20周年時，600 架無人機助興表演。

電纜 / 電話線架設

利用無人機把細小的引線由一個電塔架帶往另一個電力塔架，然後慢慢進行電纜的架設，在中國這樣已經十分普遍。有香港的電訊公司也運用此方法在郊區架設電話線路。

自動化農業 / 捕魚

過往農夫都是聽天由命地工作，但現在全中國都大幅提升無人機在農業上的應用。無人機除了可以準確地播種、在有問題的農作物範圍施加農藥或除蟲藥外，亦可以利用多光譜的感應器分析農作物的生長情況。以往這些要利用人造衛星或昂貴的航測飛機進行的工作，現在基本上是每家農戶都可以做到的事情。而且無人機的飛行時間完全掌握在農夫手上，並不需要等待衛星回航（Revisit）同時無雲層遮蔽的時機，農夫就可以隨時監視農作物的情況，即時進行相關的補救工作，比衛星技術更實用和高效率。在法國，有農夫表示利用無人機協助，能增加 10% 的農作物收成。更有農夫利用無人機直接驅趕雀鳥減少偷食農作物，效果比稻草人更為顯著。有人甚至利用無人機驅趕蜜蜂！

大廈檢查和維修

大廈老化會造成外牆或窗框脫落，過往香港已經有不少個案，甚至造成人命傷亡。但為大廈搭建棚架來進行例行檢查，是一個不太實際和划算的做法。因為搭建棚

架本身的意外率也不低，可能會造成更高的意外傷亡數字。世界趨勢是利用無人機搭載多光譜相機或熱感相機的無人機對大廈外牆進行掃描。香港理工大學土地測量和地理資訊學系也進行過一些測試，證明這個方法是快捷有效。新加坡也已經利用無人機對舊區進行航拍檢查，確保市民生命安全和保育古老的特色建築物。

　　香港也有機構利用無人機在大廈外牆檢查煤氣管道有沒有漏氣。無人機甚至可以飛到直升機不能飛到的跨海大橋橋底作近距離檢查，以確保行車安全。

機場巡邏 / 檢查民航機

　　一直以來，雀鳥是機場航班安全的最大危機之一。無人機可以驅趕雀鳥、檢查跑道，甚至協助檢查準備起飛的民航機外殼有沒有變形、結冰或者受損，對提高航空安全有一定貢獻。

check it!

無人機檢查跑道。

提供運動和娛樂

　　已經有人研究利用無人機進行滑水、滑雪等活動，這樣將有助大幅降低這些運動的運作費用，而且因為減少使用柴油引擎或飛機引擎產生的廢氣而相對更加環保，可以令這類運動更易普及和發展。

check it!

用無人機滑雪。

無人駕駛的士

　　這個甚囂塵上的應用引來了無數的投資者和國家的關注。由於是「有人」乘坐但「無人」駕駛，使用者需要一些時間來克服心理上的障礙。但相信只要有充足的測試和安全設施，加上未來電池技術的提升，這個應用的市場潛力會是十分巨大。

check it!

Volocopter 無人的士在新加坡進行測試。

無人機通訊網絡

　　傳統上人造衛星可以提供全球通訊網絡，但同步衛星和低軌道衛星都各有優點和缺點。相比起來，無人機在偏遠地方構建通訊網絡省卻了昂貴的火箭發射費用，運作成本遠比人造衛星便宜和具彈性。因此不少大企業都在研究有關無人機通訊網絡的建立，讓資訊能夠帶到世界每個角落，加速人類的文明化速度和強化人和人之間的連繫。將來要在格陵蘭、南極或者撒哈拉沙漠網購或者叫外賣也可能不再是一個夢。

check it!

Facebook 研發的太陽能無人機用作通訊用途。

航拍機
飛行檢查清單
和要點

航拍機飛行檢查清單和要點

　　航拍機也是飛機的一種，所以需要很詳細的飛行檢查清單以確保飛行安全。這裏提供了一個檢查清單的樣辦，使用者必須因應自己航拍機的操作特性作出適量的修正。

新手

- 多練習模擬飛行，熟習手感和方向感
- 由有飛行航拍機經驗的朋友陪同和指導
- 在無人干擾的安全環境下，開啟新手模式（如有）作近距離練習
- 先用小型航拍機開始練習

起飛前

- 必須完全熟讀相關型號航拍機的操作手冊
- 更新航拍機固件和軟件
- 了解未來兩小時天氣變化（查看天文台網頁、UAV Forecast 等手機應用程式，了解風速、風向、雨量、衛星數量等）
- 盡量在早上陽光充足的情況下飛行（在陰暗下避障感應器不能運作）
- 先啟動遙控器，然後開動航拍機，最後啟動相關航拍機的手機應用程式（如有）
- 確保電池在使用前一至兩天內充滿

- 確定電池每一個獨立單元（Cell）電壓正常。如果有任何一組單元的電壓和其他單元相差超過 0.1V，應立即更換這塊電池，避免用作飛行

- 檢查遙控器電量

- 視乎飛行位置選擇操作頻道。較新型號的航拍機可選擇 2.4G 或 5.8G 作操作頻道。2.4G 有效通訊距離較遠，但在城市會有較多干擾，適合郊外用；5.8G 有效通訊距離較短，但在城市干擾較少，較適合近城市的範圍用

- 校正指南針。不要在建築物天台、金屬物、變壓站、電纜等附近有強烈磁場的環境下進行指南針校正

- 檢查機身、螺旋槳、電機、電池、相機鏡頭及感應器

- 確認航拍機沒有故障的警報，例如需要校對指南針、更新固件等

- 視乎飛行環境需要，設定合適的最低回航高度（一般最少 60 米以上）、最高飛行高度和最遠飛行距離

- 確認定位衛星最少有 7 粒以上，或訊號強度在 4 格（八成）以上

- 確認遙控訊號、圖傳訊號正常

- 設定失去訊號或低電量時自動返航

- 因應飛行環境、距離和機手經驗設定低電量警示，建議最少 30%

- 除非在特殊環境操作，否則必須要開啟避障功能

- 不應選擇渠蓋、混凝土結構上起飛

- 評估飛行區域當地的風勢。留意附近樹頂樹葉搖動是否強烈、海面有沒有白頭浪等

開始飛行

- 確認航拍機四周無危險、路人或車輛才解鎖啟動電機

- 當電機啟動，不要立即推動油門，須靜聽和觀察螺旋槳有沒有怪聲或震盪；如有，立即停機檢查

- 然後把航拍機升離地面約一米，確定遙控器的遙杆操作正常，包括上落、前後、左右和旋轉的控制正常，才開始飛遠和飛高。如有問題或不正常，立即緊急着陸。萬一此時螺旋槳飛脫，亦會產先較少危險

- 進行一次回航測試以確保返航點已經正確更新和設定，並必須在每個飛行地點的第一次飛行時進行一次回航測試

- 航拍機不能離開目視範圍並保持通視，無論航拍機飛多遠，都要保持中間無樹木、障礙物或建築物遮擋，否則航拍機飛到障礙物的背面，就會因訊號失聯而直線飛向機手的位置而導致撞向障礙物，特別是高樓大廈更容易失事

- 確保無人機盡量遠離人群，選擇人少地點起飛和降落；起飛降落時必須留意四周有沒有小孩、寵物等；亦不要低飛或懸停在路人、車輛和財物上空

- 最少每一分鐘都檢視兩次以上電量、衛量訊號、通訊訊號、飛行高度和飛行距離

- 定時利用圖傳監視器辨認地貌以分辨飛機所在位置

- 切勿依賴圖傳監視器飛行而忽略航拍機左右上下和後面的情況；如果情況容許，找一位同伴作副機手協助目視監視航拍機

- 應該避免在任何有無線電或磁場干擾源的地方飛行，如有大量 WiFi 路由器、中繼器的大廈區、高壓電纜、無線電話訊號站、天文台雷達、衛星接收天線等

- 絕不能依賴航拍機的避障感應器來防止撞機。所有避障感應器都是最後的安全防線，機手必須要自行確認飛行空間無障礙物才飛行；避障感應器亦不能在暗淡的光線下發揮功能，對白色構建物、玻璃窗或玻璃幕牆未必有反應

- 除非確認飛行空間安全和有副機手目視協助，否則不應向後或向左右飛行

- 除非航拍機有特別任務需要和有合適的改裝，否則不要穿越橋底或在上空被遮擋的環境下飛行

- 不要飛近建築物的周邊，特別是大廈之間的空間，大廈和山體的背風位置都會有亂流

- 留意數碼圖傳可能有延誤和間歇停頓，因而導致碰撞，因此要預留足夠空間距離避開障礙物

- 避免在近水的高度飛行

遇上麻煩、失聯或失控時

- 發覺電量不尋常快速下降，應立即回航或緊急着陸

- 當低電量引致自動返航後，在觀察到航拍機後，手控接管飛機緊急回航降落。如情況緊急而機手能力許可的話，可啟用運動模式（Sport Mode）加快回航速度

- 如果發覺飛行區域風大，應適量降低飛行高度並且回航，需要時可啟動 Sport Mode 以獲取較高飛行速度逆風回航（長期使用 Sport Mode 有可能縮短航拍機電機、電變和電池的壽命）

- 如果飛行時失去圖傳影像，先保持鎮定並懸停航拍機；如衛星定位訊號仍然良好，按自動返航

- 如果飛行時先去了衛星定位訊號，先保存鎮定並盡量轉動航拍機，利用圖傳畫面尋找返航方向，確認好返航方向後慢慢向前加速手動回航

- 必須確定在合適的情況之下才能啟動自動回航。如果不確定航拍機和機手之間有沒有障礙物，指南針、衛星定位訊號有否受到干擾，不應啟動自動回航，只能依賴手控模式把飛機飛回起飛點或者迫降

- 在極緊急情況之下，如果航拍機不能控制而環境許可，關掉航拍機電機讓航拍機掉到水上或無人無財物的地方以減少傷害

降落之後

- 確認電機已經停頓並且鎖機

- 先關掉航拍機電池，然後關掉遙控器和相關手機應用程式

- 檢查航拍機機身、螺旋槳、電機和電池有沒有變形、過熱等異樣

- 電池需要待冷卻後才再進行充電，如果長期存放必須確保回復充電到一半左右電量

- 即使不再使用航拍機，所有電池每三個月都最少要充放一次以保持活性

檢查清單

簡易版起飛前檢查清單 Preflight Check list	
❑ • 天氣	確認
❑ • 遙控器	開啟
❑ • 航拍機電源	開啟
❑ • 航拍機手機應用程式	開啟並進入飛行控制項
❑ • 航拍機、遙控器電池	確認
❑ • 遙控頻道（2.4G/5.8G）	設定
❑ • 針南針	校正（水平 / 垂直旋轉各一次）
❑ • 螺旋槳 / 電機	檢查並安裝穩妥
❑ • 最低回航高度	設定（>60 米） ＊除非該區無樹或無建築物
❑ • 最高飛行高度	設定（視乎環境）
❑ • 最遠飛行距離	設定（視乎操作需要，愈短愈理想）
❑ • 衛星定位訊號	優良
❑ • 遙控訊號 / 圖傳訊號	優良
❑ • 當低電量時 / 訊號中斷時返航	設定
❑ • 低電警報	最少 30%
❑ • 避障功能	開啟

簡易版起飛檢查清單 Take-off Check list

❏	• 場地清空	確認左右前後無閒雜人員
❏	• 啟動電機	解鎖
❏	• 檢查螺旋槳 / 電機轉動	正常
❏	• 起飛	確認
❏	• 控制檢查	正常
❏	• 爬升及遠離	確認
❏	• 檢查返航點正常（第一個飛行）	返航啟動
❏	• 已經飛返起飛點	取消返航
❏	• 開始飛行 / 任務	開始

簡易版飛行中檢查清單（每分鐘最少兩次）Inflight Check list

❏	1. 電量	確認預計使用量
❏	2. 衛星 GNSS/GPS	訊號正常（七粒以上）
❏	3. 圖傳	訊號正常
❏	4. 距離	確認預期飛行距離（有顯示）
❏	5. 高度	確認預期飛行高度（正數）
❏	6. 速度	確認為正常飛行速度（10 米/秒以下）
❏	7. 遙控器電量	充足
❏	8. 手機 / 平板電量	充足

簡易版降落前檢查清單 Landing Checklist

❏	• 電量	確認充足
❏	• 保持高度回航	回航
❏	• 抵達起飛點 / 機手上空	確認
❏	• 清空場地	確認左右前後無閒雜人員
❏	• 下降	確認
❏	• 着地	鎖機
❏	• 航拍機電源	關閉電源
❏	• 遙控器 / 手機應用程式	關閉

香港民航處 ──模型飛機放飛指引

香港民航處——
模型飛機放飛指引

由於民航處不時更改網頁內容，所以請參考最新版民航處網頁

模型飛機放飛、無線電控制模型飛機飛行安全

- 避免相撞意外

- 應維持放飛高度不超過地面以上 300 呎

- 保持警覺

- 如發現有飛機飛近，須立即將模型飛機着陸

- 模型飛機操作者亦務必注意模型飛機須與地面上其他人及物件保持安全距離，以免發生碰撞導致他人受傷，甚至死亡及造成財物損失

- 如因魯莽或疏忽操作模型飛機危害他人或財產安全，可被檢控

- 在大量人士參與的公眾活動上空操作模型飛機可被視作魯莽或疏忽地導致或允許飛機危及他人或財產

- 不得放飛模型飛機的地點

  ◎ 不得在人多及擠迫的地方上空放飛模型飛機

  ◎ 不得飛越或飛近任何與之碰撞時會產生危險的物體或設施，亦不得飛越或飛近任何設施而影響或可能影響該設施的秩序和紀律及對該設施的管制

  ◎ 不得在機場及飛機升降航道範圍附近放飛模型飛機。這些地方包括：

  ※ 香港國際機場；

  ※ 大嶼山北部沿岸地區；

  ※ 大欖涌至荃灣沿岸及青衣島一帶；

  ※ 維多利亞港一帶及沿岸地區；和

  ※ 石崗一帶

- 操作高度不得超過地面以上 300 呎

- 模型飛機的操作時間只限白晝

- 遠離人群、船隻、車輛或構築物

- 遠離直升機坪

- 遠離一切可干擾無線電訊息的電源，例如電線、變壓站、高壓電線和變壓塔等

- 地勢平坦，可讓模型飛機升降自如；和讓模型飛機操作者視野清晰無阻，能夠清楚看見飛行中的模型飛機

- 除非有民航處的許可，任何人士不可以在香港放飛重量超過 7 千克（不計燃料）的重型模型飛機
- 學習放飛模型飛機其中一個最佳途徑，是加入模型飛機飛行會或向富經驗的模型飛機操作人士學習

民航處 - 操作無人駕駛飛機（無人機）系統

直到完稿之時，香港並沒有針對航拍機 / 無人機操作的法例。法律上亦沒有對非閒暇用途和無人機作出清晰定義，現在只能夠向 7 公斤以上的無人機和商業飛行進行規管。

民航處負責處理在本港用作非閒暇用途（例如出租或受酬）的無人機系統的申請。鑑於市面上的無人機系統的精密度十分參差，擬在本港以非閒暇用途操作這些系統的人士，應在預定操作日期前，盡早向民航處提交詳細資料。

由於民航處不時修改網頁內容，詳情請查看：

航拍機
飛行操作入門指南

作者
陳志強、區智浩

責任編輯
林可欣

美術設計
鍾啟善

排版
辛紅梅、劉葉青

出版者
萬里機構出版有限公司
香港北角英皇道 499 號北角工業大廈 20 樓
電話：2564 7511
傳真：2565 5539
電郵：info@wanlibk.com
網址：http://www.wanlibk.com
　　　http://www.facebook.com/wanlibk

發行者
香港聯合書刊物流有限公司
香港新界大埔汀麗路36號
中華商務印刷大廈3字樓
電話：（852）2150 2100
傳真：（852）2407 3062
電郵：info@suplogistics.com.hk

承印者
中華商務彩色印刷有限公司
香港新界大埔汀麗路36號

出版日期
二零二零年一月第一次印刷